7MIN 7分钟理财

WEALTH MANAGEMENT

罗元裳 著

机械工业出版社
China Machine Press

图书在版编目（CIP）数据

7分钟理财 / 罗元裳著 . —北京：机械工业出版社，2018.2（2021.5重印）

ISBN 978-7-111-59049-1

Ⅰ.7… Ⅱ.罗… Ⅲ.①个人财产 – 财务管理 – 基本知识 ②私人投资 – 基本知识 Ⅳ.① TS976.15 ② F830.59

中国版本图书馆 CIP 数据核字（2018）第 018426 号

这是一本看得下去，而且从头到尾都好看的理财书，为有想法却不懂理财的朋友们提供了一套科学理财方法，而且极具实操性。书中所有内容均由 7 分钟理财投研团队经过大数据概率统计验证。

理财与不理财，差异很大；财理得好与不好，同样差异巨大。每天挤出 7 分钟，1 个月即可掌握科学理财方法。本书以轻松新颖的形式，从专业的角度帮助投资者武装科学理财的头脑，避开"投资陷阱"，在乱象丛生的市场上找到最适合自己的理财产品并配置最优方案，真正做到理财有道。

7分钟理财

出版发行：机械工业出版社（北京市西城区百万庄大街 22 号　邮政编码：100037）

责任编辑：程天祥

责任校对：殷　虹

印　　刷：北京文昌阁彩色印刷有限责任公司

版　　次：2021 年 5 月第 1 版第 16 次印刷

开　　本：165mm×205mm　1/20

印　　张：$10\frac{8}{10}$

书　　号：ISBN 978-7-111-59049-1

定　　价：49.00 元

凡购本书，如有缺页、倒页、脱页，由本社发行部调换

客服热线：（010）68995261　88361066　　　　　投稿热线：（010）88379007

购书热线：（010）68326294　88379649　68995259　　读者信箱：hzjg@hzbook.com

再辉煌的过往，也不如一起面对未知的未来
致真正尊重财富的人

谨以此书感谢7分钟理财的用户，因为你们使用了多年服务，以及在理财
过程中的真实疑惑、才让此书实用、易懂

在很多人眼里，我是个疯子。

27岁当上了支行行长，紧接着又做了私人银行超高净值部总经理，却在33岁辞职，从零创业。在逆境中重生需要魄力，在顺境中离开，更需要勇气。

这本书的出版应该会延至2018年，彼时我已经投身金融行业13年有余。

我刚开始进入金融领域是2005年，在农业银行里做职员。那时候，只要不出错，就基本能在银行安逸到老。人年轻的时候往往无法脱离迷茫的状态。2007年，我交了几万元的违约金，离开农业银行去了渣打。那时候，金融和我的关系只是它赏我一口饭。

在渣打，我第一次真实地领略到金融"不可预期"的魅力。上帝在十一维操纵世界，人类在金融中拓展金钱流动的范围。我被这种"不可捉摸"吸引着——27岁，我经过银监会的考试，成为渣打支行的行长。那时候，金融是我的老师，是我的青春。

然而，我也遇到了从业以来最大的挑战。金融危机后，银行要处理一拨严重亏损的客户。我于是亲历无数棘手的投资案例，但是当一个投资亏损严重的军人遗孀表示想把孩子托孤给我，自己去自杀，当她带着她先天不足的孩子在我面前痛哭时，我的内心也在流泪。当金融"险恶的一面"具化成一个先天不足的孩子的空洞眼神时，才是真的终生难忘。

哈佛大学艺术与科学学院已故的前任院长杰里米·诺尔斯（Jeremy Knowles）曾说过："教育的目的是确保学生能辨别'有人在胡说八道'。"那么在这琳琅满目的金融世界中，谁来教大众如何辨别呢？

我想改变传统模式，坚定站在用户的角度说话。

当得知我辞职后，P2P、第三方卖产品的平台以及各种的金融机构纷纷抛来橄榄枝，可我清晰地知道，我的生活不缺鲜花，我的内心住着草原。

我不希望再次因为各种利益的牵绊，最后落得无奈和中庸的立场。我要可以极度坦诚地站在用户角度讲专业，教他们如何把理财做好，教他们如何减少对未来的焦虑，享受理财带来的乐趣。

理财这件事其实挺复杂，没经历过两个牛熊周期，没看过无数个案例，没自己亏过赚过，根本不敢教别人。这也是为什么公司叫"7分钟理财"的原因——把复杂的理财产品、难懂的市场规律、科学的风险管理留给我们，我们走过的弯路你不用再走，把简单留给你，让你享受理财。

———

> 如若坚守是座孤独的城堡，我愿画地为牢。

我们目前的重点在于两件事——理财教育和理财服务。因为不断地给用户做服务，才能时刻明白，用户哪里做得不好，怎么才能做好。不能实操的知识是纸上谈兵。

这本书的出版也是历经周折——因为我们希望给用户一本不同的理财书，打破传统理财教科书知识模块的讲述方式，站在用户实操的角度，为用户提供面临理财选择时需要的知识。

另外，书中所有的建议全部经过了中国市场大数据的概率统计验证，我们的投研部采购了全市场金融数据库，做了概率统计模型，对所有知识点进行了独立演算，再用通俗易懂的语言表达出来。

———

历时一年之久，本书终于完稿了。大约每天 7 分钟的时间，就能读完一个章节。通过 30 天的阅读，你就可以掌握最具实操性的科学理财方法，学会如何管理风险，获得稳健回报，适合每个想让财富稳健增值的朋友。这是科学理财的开始，也是一门必修课。如果能通过阅读此书，让你爱上了理财，我会感到不胜荣幸。毕竟财富不能解决所有问题，但足以解决很多关键问题。

最后，感谢公司的每一位同事，尤其感谢单丹，做了很多资料的整理编辑；潘珂，做了大数据概率统计验证。还有我公司的其他伙伴，因为你们，这本书才可以成为具有实操性的理财书。

感谢培养我的农业银行、渣打银行、平安银行的各位领导和同事，以及为本书做推荐的各行业翘楚。

还要感谢我的家人，和像我家人一样的团队，以及 7 分钟理财的用户、粉丝、城市合伙人。正因为我们内心燃烧着一样的火焰，此书才得以出版。

这本书的出版是在我 36 岁的时候，对于团队也许是一份记忆，一个礼物；对你和我，希望都是一个很棒的开始。

目录

CONTENTS

第一章

01 CHAPTER ONE

全民理财
的年代

金钱永不眠，让财富为自己工作

　　说到投资理财，我相信这是当下城市中的每个人都在关注的话题。无论你是在 90 年代炒过股的老股民，是 2000 年年初贷款买房的工薪族，还是 2007 年基金投资的获利者，又或者你还年轻，不曾有过那些大涨大落的投资经历，但只要你曾经把钱放进余额宝，或者在电商平台通过分期付款买过东西，你，在某种程度上，都是投资理财的参与者。

　　不过，当我们说到具象化的所谓投资，很多人第一时间想到的，还是"赚钱"两个字。我们都希望辛苦工作攒出来的钱，不要只是白白地躺在卡上无所事事，如果能用它们买点投资产品，不费什么力气就可以使资金量变多，才是真正意义上的"投资"。但从结果角度看，当我们回顾自己投资理财的经历时，真正实现了"变多"这件事的，只是少数人。大多数的普通人，在投资这场游戏中，长期以来都处于弱势地位——运气好一点的，是"偶尔赚过"；运气差一些的，是"还在亏着"……

投资，对于普通人来讲，真的就那么难吗？

确实挺难的，而且越来越难！

首先，普通投资者基本上都有自己的本职工作，每天 8 小时的满负荷，加上上下班路上无尽的拥堵和奔波，再刨去每天吃饭、睡觉、刷剧、打游戏，能够花在投资研究上的时间和精力，恐怕用"有限"两个字都嫌奢侈。就算我们充分利用互联网时代的便利，通过各种渠道获取到了碎片化的信息，在没有金融基础知识的情况下，也很难有效地将信息处理成一套适合自己、又行之有效的投资策略，进而实现通过投资赚到钱的目标。

其次，即便我们意识到金融投资是个专业性很强的领域，自己难以在短期内通过自学来达到可以实战的高度，转而寻求专业的金融机构获取指导，也还是会发现，市场上能够称之为专业的"个人理财师"少之又少。大部分的机构理财师，只是佣金制的销售人员，他们大多以产品营销为导向，并不会从你的实际情况出发，为你提供有效的理财建议。随便让你买点这个，买点那个，就说是在帮你做资产配置了。很多时候，花了钱，请了人，不仅没有获得理想的回报，反倒还被高昂的交易成本蚕食掉了本就不多的收益，甚至是本金。

最后，近几年金融市场发展迅猛，各类新兴产品层出不穷。从早几年号称"1 块钱就能投"，最受普通人欢迎的 P2P，到近几年高喊着"人无股权不富"，吸引无数高净值人士眼球的私募产品，都是早先只是略懂炒股、买基金、买国债、做定存的普通投资者所不曾了解的新玩意儿。如何评判这些产品的风险？对方到底会真的给我利息，还是暗中盯着我的本金？究竟要不要相信所谓"保本保收益"的宣传？看不明白，又不甘错过，所以，究竟是要保住财富，还是赌一把呢？

我们常说，中国人特别容易焦虑，而在投资这个问题上，似乎我们的焦虑表现得更明显——想赚钱吧，又没有时间和精力去研究；花钱雇个人吧，那人只管卖我东西，却不在乎我是否真正赚钱；本来就够烦的了，市场还花样翻新地用新东西刺激我，仿佛满眼的赚钱机会，却像阳光下的泡沫，看起来是彩色的，一伸手触碰，瞬间就消失了……

既然这么纠结，那我们干脆不做投资了，就只存银行，行不行呢？

好像，也不行。

我们都知道，10年前的100块钱，和今天的100块钱，能买到的东西完全不一样。同样是100块钱，购买力会随着通货膨胀的存在而不断下降。而如果想要保持自己的生活质量，跑赢通胀，让手中攒下的钱不贬值，就变成了我们每个人在积累财富的道路上，必须要实现的第一个小目标。那么，通胀率这个对手，到底有多强大呢？请看图1-1。

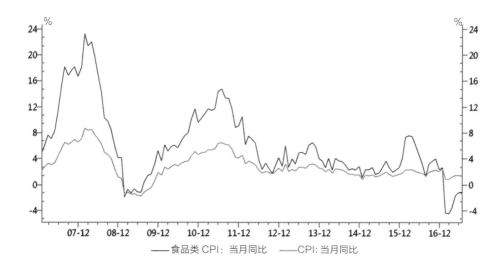

图 1-1　2007 ～ 2016 年居民消费价格指数（上年同月 =100）
资料来源：Wind。

　　图 1-1 中蓝色的曲线，是国家统计局公布的过去 10 年的 CPI（也就是居民消费价格指数）。从图中可以看出，过去 10 年间，CPI 增速最高的时候有 8%，平均年增速大概在 3% 左右。也就是说，如果我们攒下来的辛苦钱，每年没有获得 3% 的收益率，那么它的购买力就是在下降，钱是在贬值的。而我们实际感受到的通胀，仅仅只有 3% 么？

　　俗话说，民以食为天。这些年来，很多人对于"钱毛了"最真切的体会，都是来自于吃，也就是食品价格的上涨。图 1-1 中橘色的曲线，是过去 10 年食品类居民消费价格指数的走势图。可以看到，食品价格的上涨幅度，在绝大多数的年景里，都要远高于"衣食住行"的价格涨幅，年平均增速在 5% 以上。也就是说，想维持跟前一年同等的"吃"的标准，你需要确保手中的资金，每年投资收益至少达到 5%。

　　如果再考虑上房价，一线城市从 2010 年的 2 万 / 平方米，到 2017 年保守来算的均价 4 万 / 平方米，6 年翻了一倍。如果你懂"72 法则"（这是采用"复利"投资时，计算投资金额增倍或减半所需时间的一种简单方式。假设最初投资金额为 100 元，若年回报为 9%，采用复利投资的形式，根据 72 法则，将 72 除以 9，得 8，即需约 8 年时间，投资金额就会滚存至 200 元），你就知道，你需要至少获得年化 12%（72/6）的投资回报，才能抵御"住"的通胀。

整体来看，即便是跟着 GDP 的增长，你投资的年化回报也得在 7% 以上，才能实现真正的不贬值。而如果你只单纯地依靠银行固定收益类产品，获取每年 3%~5% 左右的无风险收益，长期来看，是根本无法实现不贬值这个小目标的。

而我们除了希望手里的资金不贬值，在购买力上"不亏钱"之外，更多人还是希望能够真正地"赚到钱"的。所以，不是我们贪心，是残酷的社会现实，要求我们在投资时，必须要承担适当的风险，以追求一个更好的收益率，从而能够确保并尽可能地提升生活质量。

既然投资理财不是一件你想做或不想做的事，而是一件你必须要做的事，那我们接下来就看看，究竟是什么原因，导致我们过去做得并不尽如人意，甚至想要放弃呢。先来找到这些投资理财的误区，将投资道路上的困难扫清，才能在获取稳定回报的道路上越走越远。

第 **1** 天 总结

任何一个发展中国家，其经济的高速发展都势必要依赖货币扩张，并同时带来较为明显的通货膨胀。学习如何投资理财，保住自己辛苦赚来的血汗钱不被高企的通胀所蚕食，已经日益演变成普通人日常生活中的"刚需"。破除投资观念上的误区，找到科学理财的道路，学习通过稳健投资获取长期收益，进而跑赢通胀，是我们每个人眼下都不可回避的一门"必修课"。

那些年，
阻挡你有钱的四个误区

在这一节，我们来跟大家探讨一些在投资的道路上，每个人都可能会陷入的观念误区，或者说是那些年，我们一起走过的投资弯路。

拒绝"穷人思维"再理财

我们经常会在一些鸡汤文里，看到这样的话——年轻的时候，投资自己比理财更重要。这句话，真的是一句正确的废话！投资自己，在人生的任何时候，都是重要的。而这句话的核心观点，无非是给那些收入不高，又追求超前消费的年轻人，找到一个完美的借口——我没储蓄，是因为我都投资在自己身上了。但关键是，你投资之后真正得到的"收益"在哪里呢？

现在的年轻人，无论月薪几千还是年薪几十万，几乎每个人，都正在或曾经是一名月光族。那么显然，月光不是因为薪水多寡；摆脱月光，也并非完全不能实现，关键是要做出第一步的改变。

那么，是怎样的改变呢？

我们都知道一个非常简单的道理，盈余 = 收入 − 支出，所以我们理直气壮地"月光"——因为都花完了呀。而如果想要让盈余摆脱那个大大的零，就只有提高收入的"开源"和减少支出的"节流"这两条路了。一下子让你开源确实有点难，那节流，可不可以呢？

一看到要节流，很多人就要"耍赖"了——我也想节流呀，可我就是做不到嘛。薪水那么低，消费那么高，跟朋友吃饭逛街、旅游玩耍、兴趣爱好哪项不要烧钱……是啊，通过控制消费而实现攒钱的目标，确实挺难的。那么，你看这样好不好，我来把上面的公式调整一下，变成——支出 = 收入 − 盈余，怎么样？

$$\textbf{盈余 = 收入 − 支出}$$
$$\downarrow$$
$$\textbf{支出 = 收入 − 盈余}$$

看起来我好像是在逗你玩儿，但其实我是很认真的。意思很简单，在下个月拿到收入之后，先不要随心所欲地花钱，最后再看到月底了还剩多少，而是先把想"盈余"的部分强制储蓄起来，比如月薪 10 000 的人，每个月强制自己储蓄 10%，也就是 1000 块，应该不算苛求吧。储蓄做完了之后，我们再用剩下的钱去消费，量入而出，是不是觉得对贪婪的抵抗力稍微强了那么一点点？这个时候绝对不要妄想借助信用卡帮你偷懒！把这些扩大消费的猛兽都"物理隔离"起来，才是"脱光"路上自我管理的良好态度。

只要你迈出了这万里长征的第一步，很快你就会看到自己攒出的一丢丢本金了。接下来，你或许会热泪盈眶地想问：然后我应该怎么打理这来之不易的"第一桶金"呢？

拿去买银行理财？貌似跑不赢通胀的投资都是耍流氓；拿去炒股？听说炒股风险特别大，万一亏了，也太肉疼了；去投 P2P？看着收益挺稳定的，但是总担心万一哪天跑路了怎么办，毕竟新闻里说出事儿的可不少呢……唉，好纠结。

没错，固定收益类产品，虽然风险低，但是收益从长期来看也无法抵御通胀；而直接单一地投资股票，风险太高，也不适合没有经验的投资者。其实，对于大多数的理财小白来说，选择基金投资，并坚持长期定投，是一个性价比较高的选择。所谓基金定投，就是在约定的时间，以约定的金额，买入约定的基金。这种被动投资的方式，可以使得我们在市场低位多买、高位少买，通过长期价值投资，有效摊低成本，避免我们一次性买在高点，苦苦"站岗"，陷入漫长的等待。市场下跌的时候，由于基金价格也会随着下跌，那么你当期定投买入的份额就变多了；而等到市场回暖的时候，你前期逐步积攒的份额，就可以随着市场上涨而获利了。

如果你从 2011 年开始，每个月存下 1000 元钱，并且用定投的方式投资一款排名中等的混合型基金，虽然从 2011 年 4 月到 2017 年 12 月，股市穿越牛熊，经历了一波大起大落，大盘点位变化并不算大（沪指从 2932 涨到 3307，涨幅 12.95%），但到 2017 年 12 月底，你的账户里应该已经有了超过 48% 的收益，连本带息加在一起，有 12 万多元钱了（见表 1-1），买一个代步小车的愿望就这么简单地实现了，再也不用"上车是个包子，下车是个饼"地去挤地铁了，想想有没有点小激动呀……

表 1-1 定投收益测算

定投基金	400011
定投开始日	2011 年 3 月 28 日
定投结束日	2017 年 12 月 31 日
定投周期	每月
定投日	每月 28 日
申购费率	1%
每期定投金额	1000 元
分红方式	红利再投资
投入总本金	82000
期末总资产	121 337.44
定投收益率	48.20%

资料来源：Wind，7 分钟理财测算。

而如果你学会了更科学的理财方式，知道如何挑选基金，选中了一款排名前 20%
的基金并一直定投的话，这 6 年多坚持下来，你的收益将超过 90%，账户中的总资产
将接近 16 万元（见表 1-2）！除了可以买个小车，还可以痛痛快快地来一场欧洲游，
再奖励自己一个名牌包呢。

表 1-2　定投数据测算

定投基金	519700
定投开始日	2011 年 3 月 28 日
定投结束日	2017 年 12 月 31 日
定投周期	每月
定投日	每月 28 日
申购费率	1%
每期定投金额	1000 元
分红方式	红利再投资
投入总本金	82 000
期末总资产	158 488.06
定投收益率	93.96%

资料来源：Wind，7 分钟理财测算。

看到这里，我相信一定有人内心想尝试，却还是想在行动上给自己的偷懒找借口，
于是假模假式地说："哎呀，你不是说投资理财很复杂嘛，那我先把理财这件事学透了，
再开始投资呗。你也知道我这个人嘛，就是有拖延症的，嘿嘿……"

你嘿什么嘿，拖什么拖？你每天闹钟响了就按，快递到了就拆，零食买了就吃，
你告诉我你哪来的拖延症？！记住，投资理财的第一步，就是不要轻易地花掉你现在
的钱和预支你未来的钱，不要荒废货币在你手中的时间价值，趁你还年轻，赶紧动起
来吧！

想要积累自己投资理财的第一桶金，就必须学会强制储蓄。利用"支出＝收入－盈余"这一公式，先完成当月的攒钱计划，再开始合理消费，你才有希望实现从"0"到"1"的改变。不要小瞧你每月攒下的千儿八百块钱，时间的力量和科学的投资方法，会在不经意间，帮助你实现人生中的那些"小目标"。

杀死"追涨杀跌"者

在投资的过程中，我们普遍有一种心理感受上的共识——亏 1 块钱的痛苦，要远大于赚 1 块钱的快乐……而人在痛苦的时候，难免做出一些不明智的决定，比如，在市场波动的时候盲目止损。

可能很多人不理解，甚至搬出了股神巴菲特的理论——你看，股神都说，投资的第一秘诀，就是不要亏钱呀，你怎么还敢挑战股神呢？

我们并不想、也不敢轻易挑战股神，只是对于要不要止损这个问题，不同人的投资目标和投资方法不同，答案也应该不一样。

如果你是一个股票老手，而且属于技术分析派，那么当你发现自己的投资现状背离了交易逻辑，就必须果断止损，不能有任何延误或者抱有任何侥幸。通常，这些老操盘手会用"鳄鱼法则"来解释止损的重要性——如果你被一只鳄鱼咬住了脚，而你试图用手去抗争，以拯救你的脚，那么，鳄鱼便会同时将你的手脚都咬住。而此时你越挣扎，被咬住的就越多……所以，一旦被鳄鱼咬住脚，你能够保命的唯一选择，就是牺牲掉那只脚。

被鳄鱼咬住，一不小心，还可能丢掉对我们来说最重要的东西——生命。股市也是一个残酷的地方，一不小心，就会丢掉对我们来说，仅次于生命的第二重要的东西——

鳄鱼法则

这是经济学交易的技术法则之一，也叫"鳄鱼效应"，它的意思是：假定一只鳄鱼咬住你的脚，如果你用手去试图挣脱你的脚，鳄鱼便会同时咬住你的脚与手。你愈挣扎，被咬住的就越多。所以，万一鳄鱼咬住你的脚，你唯一的办法就是牺牲那只脚。

钱！所以，适时的丢卒保车，对于专业投资者来说，确实是一条铁律。可是，你是每天盯盘的专业炒股人士么？我猜不是。那么，及时止损这条铁律，对于你来说，就未必适用了。

如果你是位价值投资者，那么，止损其实是违反你投资的初衷的。你为什么要在贵的时候买进，便宜的时候反而卖出呢？难道一样东西，不是贵的时候风险更大，便宜的时候风险更小吗？巴菲特曾经在一次演讲中问投资者——如果你打算终身吃汉堡包却又不养牛，那么你希望牛肉价格更高还是更低呢？如果你只是买车但并不生产车，那么你愿意车价更高还是更低呢？

若是市场或个股一直上行或者一直下跌，那么"止损"的策略倒还好，最大的损失，无非也就是少赚。但我们都知道，市场不会一直单边上行或下行，最常见的情况，就是忽上忽下的震荡格局，而如果你在这样的市场中反复"剁手"，大多数的下场，不是市场"收割"了你，而是你对自己做了了断。

曾经有券商统计，投资者大部分的亏损，是由错误止损造成的。市场稍微一个小震荡，很多心理脆弱的投资者就马上割肉认赔，还美其名曰"及时止损"……但其实，止损只是防止亏损的手段，其本身并不产生任何价值。

而前文中我们提到的基金定投的模式，就是鼓励投资者坚持长期投资，以获取稳定回报。因此，止盈不止损是个方法。其实这个情况很好理解，定投，作为一个时间周期较长的投资计划，本质上是平摊成本，积少成多，等待市场大涨。如果期间稍一亏损就赎回，就相当于之前的积累功亏一篑，后面即便大涨，前期的定投也没有意义了，因为你早已赎回了筹码。在定投的过程中，我们不仅不怕亏损，反而是欢迎市场下跌回调的，因为出现了更好的机会，让我们可以在较低的价格上买入优质的投资标的。所以，出现亏损不可怕，真正可怕的，是盲目止损。

盲目止损，是我们在投资道路上败给人性的一个缩影。而事实上，无论市场是涨还是跌，我们都在经历投资情绪的折磨——市场跌了，我到底是该买，还是该卖呢？如果我买了，万一接下来继续跌怎么办；如果我不买，万一错失了补仓良机怎么办……市场上涨的时候，人性的表现也是一样的——买么？万一追高了怎么办；不买，万一继续暴涨我不是少赚了么……看起来，只有市场不涨不跌的时候，你才能活得现世安稳，岁月静好。可是，不涨不跌，你把钱放在市场里干啥呢？它又不给你利息。所以，说一千道一万，道理我们都懂，但就是过不去这个坎。

事实上，如果你能认清投资过程中，那些受人性中的不理性情绪影响所带来的局限，你就应该主动放弃零散无谓的短线交易，而选择坚持长期投资。

举个例子，很多人都知道一个简单的道理，股票投资的优点是收益比债券要高，但缺点是波动性大；也就是说，如果只投资股票，可能有亏有赚（见表1-3）。那怎样做才能扬长避短，获取更高的回报呢？

表 1-3　2003 ~ 2016 年，中国市场不同投资年限，股票市场回报高于债券市场的概率

持有年数（2003 ~ 2016 年）	股票市场回报 > 债券市场回报
1 年	38.5%
2 年	41.7%
5 年	55.6%
7 年	57.1%
10 年	75.0%

资料来源：Wind，7 分钟理财测算。

表 1-3 是在 2003 ~ 2016 年，在中国市场上分别投资股票和债券，不同的持有年限的情况下，股票市场回报大于债券市场回报的概率。从表中我们可以看到，如果你只持有 1 年股票，那么只有 38.5% 的概率可以跑赢持有债券的收益。如此低的概率，你还真不如去安稳地买债券呢。而如果你坚持持有到 5 年，那么就有超过一半的概率，你可以获得高于债券的回报。而如果你愿意坚持超过 10 年，那么将有 75% 的概率，你投资股票的收益会高于债券。换句话说，如果你吃不了股价忽上忽下不时亏损的苦，那么不妨通过拉长投资年限来降低亏钱的概率。

所以，在与人性、与市场、与时机共同战斗的投资道路上，只有清醒地认识到自己非理性的不足，才能心明眼亮地选择最适合自己的投资渠道和方式，避免不必要的失误。也只有这样，才算对得起自己辛苦攒出来的"第一桶金"。

每个人都知道，在投资的过程中，要在别人贪婪的时候恐惧，在别人恐惧的时候贪婪。但大多数人都被人性的弱点所绊倒，或是盲目止损，或是追高买入。个人投资者在专业知识不完善的情况下，应该放弃对波段性投资收益的追求，选择长期投资，从而降低亏钱的可能性。也只有"少亏"，才能帮助我们在投资的道路上，真正地实现"多赚"。

分散投资 = 分散风险？ No

每次我给身边的朋友"科普"资产配置重要性的时候，他们都会在一开始时就说，哎呀懂了懂了，这有什么难的，不就是把钱拆开、多买几样么，于是也不听我把话讲完，就一溜烟儿地跑开，盲目地"自我配置"去了。过几天，一脸哭丧地回来找我，说你快帮我看看，我咋配置完，一点钱没赚，还亏了呢？！一打开他的交易软件，20 只股票，15 只基金，外加 8 家 P2P，把本来就不多的本金，拆得跟饺子馅儿似的，真正地实现了配置……配置了个稀碎。

开篇我就说过了，投资理财是个看似简单，但真正做起来确实有一定门槛的学问。所谓要在投资的时候分散配置，绝不是像去菜市场买菜，称仨土豆，挑一棵大白菜，来半斤五花肉，最后再掐两根儿葱那么简单。在具体配置之前，要综合考量你的资金状况、家庭生命周期、投资经验、风险承受力，才能知道怎么样的分散配置比例是最适合你的。

这里所谓的分散，指的是资金在股权类、债权类、商品类或另类等大类资产之间的分散。之所以要分散在各个大类资产之间，是由于各类资产的本原属性，使得它们基本上不会出现同涨同跌的情况。比如，股市大涨的时候，一般债市都是表现平平；而债市大涨的时候，商品类资产也并不会随之大涨。换句话说，各大类资产的涨跌走势之间的相关性是很低的，而只有将资金分散在相关性较低的资产类别中，才能够在长期投资的过程里，获取稳定收益的同时降低投资风险。而如果你把钱都拿去买了 20 只股票型基金甚至是 20 只股票，看似每只标的的比例很低，资金从金额上被分散开了，但是当熊市来临，股票市场出现下跌时，你所有的投资标的都会面临亏损，风险并没有分散开。这种做法，不叫资产配置，不叫把鸡蛋放在不同的篮子里，这，只是把蛋用不同的塑料袋分装起来，整齐地放在了一个根本不知道适不适合你的篮子里罢了。一旦篮子落地，你所有的鸡蛋，都将无一幸免……

那么，通过资产配置来进行分散投资，究竟可以对收益的提高起到多大的作用呢？我们先用一些既往数据来简单对比一下（见表 1-4）。

表 1-4　2011 ~ 2016 年，不同理财方式之收益率对比

理财方式	收益率
仅持有单一资产 （上证 50）	1.4%
资产配置 （55% 银行理财 +45% 上证 50）	17.5%
资产配置 + 再平衡 （55% 银行理财 +45% 上证 50） （每两个月一次比例调整）	35%
资产配置 （55% 银行理财 +45% 中上等基金）	51%
资产配置 + 再平衡 （55% 银行理财 +45% 中上等基金） （每两个月一次比例调整）	97%
资产配置 + 再平衡 + 市场策略 （55% 银行理财 +45% 中上等基金） （每两个月一次比例调整） （市场下跌时降低股权仓位）	105%

资料来源：7 分钟理财测算。

巴菲特常说，"不要把鸡蛋放在同一个篮子里"。这句话的重点是，配置多个"篮子"的重要性，然而大家常常做的是，把"不同的蛋"放在一个篮子里。

　　表1-4是2011年4月1日至2016年7月22日，不同的理财方式所获得的不同收益率情况。如果你最初只是单纯地觉得股市应该赚得比较多，于是把资金都投在股票市场上，我们就以投资上证50为例。5年的时间里，上证50从2126点经历了一波震荡－拉升－下跌－再震荡，犹如过山车式的行情，到达2157点（见图1-2）。而此时的你，虽然一直身在其中，但点对点来看，5年的总回报只有1.4%，除了"曾经赚过"的经验之外，从收益上来看，基本就是白玩儿，跟把钱丢在银行账户里做活期没什么区别。

图1-2　2011年4月1日至2016年7月22日上证50走势图
资料来源：Wind。

　　而如果你只是做了一个简单的资产配置，将资金的55%拿去做了银行理财，剩下的45%去投资上证50，那么5年下来，整体收益率将提升至17.5%。而如果你除了懂得分散投资的理念之外，还知道如何管理自己的资产配置比例，每两个月做一次"再平衡"，那么你5年的总收益将提升至35%，平均算下来年化回报将超过6%，战胜通胀、实现资产保值增值的目标就这样毫不费力地达成了。

　　这还只是相对简单的做法，没有加入市场策略、仓位控制的操作，也没有对投资产品进行任何的挑选。而如果你能掌握上述的几个升级大招，收益将会得到进一步的提升。

　　看到这里，你或许想问，既然资产配置这么好用，那么怎样的配置比例是最适合我的呢？

如果你身边有专业的理财顾问，那么他可以通过量化你的投资目标，借助历史数据的回溯测试，给到你一个资产配置的比例建议。你就会知道，如果自己有 100 万元的可投资资金，分别在股权类、债权类、商品类或另类资产中各投多少资金是最适合的。同时，在确定了各大类资产的投资金额之后，他还应该指导你如何在每类资产中挑选优质的产品，以实现配置方案的落地，并定期帮助你回顾自己的资产配置比例，做好再平衡。当然，这里提到的具体每一步，我们都会在后面做非常详尽的说明。

而如果你没有专属的理财顾问，也没有测试的工具，那么有一些简单的做法可以参考。比如你知道股票收益高，如果想多赚钱，可以多买点儿；但是风险也大，所以也不能拿所有的钱去买。那么，究竟应该如何把握这个"度"，拿出可投资资产的百分之多少，去买股票或者股票型基金呢？这里有个 80 定律可供参考，也就是用 80 减去你的年龄，剩下的数字，就是你可以放进高风险类投资，或者简单理解为股权类投资里的最高占比。

购买高风险投资产品的资金比例
≤（80- 你的年龄）%

比如你今年 35 岁，那么你用 80-35，也就是拿出不超过可投资资产的 45% 去做股权类投资，比如去买一些股票或者股票型基金，就是相对可行的。但是也要提醒大家，这个算法虽然简单易操作，但是一刀切的方式其实比较粗糙，而且对不同投资者的风险偏好也没有区分，并不能算是专业的资产配置方案。

为什么这么说呢？

同样是 35 岁，如果你是一个"钻石王老五"，没有什么家庭负担，之前有过炒股的经历，风险承受力又相对比较高的话，那么可以把股权类的配置比例适当调高一些，以获取更好的回报；而同样是 35 岁的隔壁小王，已经上有老下有小，老婆还准备再生个二胎，这时候，如果小王盲目地追逐收益而忽略风险，就有可能影响家庭的正常生活。

所以，一套专业的资产配置方案，不是千人一面地按照菜谱去市场采购那么简单，它应该是分析了每个个体投资者的差异之后，提供的千人千面的专属理财规划。而想要找到最适合自己的配置比例，挑选出真正好的产品，还是听取独立、公正的专业机构的投资建议才靠得住。

那位把钱投在 10 个平台上的朋友，你现在懂了吗？

第**4**天 总结

资产配置，可绝不是随便买点理财产品那么简单。这里所说的"资产"，指的是股权、债权、商品等大类投资资产，只有把资金在大类资产之间进行分散，才能够借助于它们之间的"涨跌互现"，实现降低风险的目的。资产配置也不应该是千人一面的产品组合，而应该是基于投资者不同的风险偏好、投资目标、家庭生命周期等要素，量身定制的一套投资建议。

揭开"权威"的遮羞布

本节是一个小故事，本意并不是要调侃理财产品的销售方，只是希望通过对某些销售现象的描述，让你知道，与其过度依赖于别人的建议，不如自己多了解些投资知识，或者借助一些客观的评估机构、工具，让自己对每笔投资都做到心中有数。

在过去，提到投资理财，大家第一时间想到的可能就是去附近某家银行、券商之类的金融机构，找那里的理财师，问问人家应该买点啥。毕竟我们都是投资菜鸟，人家是专业的嘛。而如果你真的去过，有过一些经历，那我猜测，你们的对话大概是下面这样的……

我想理财，你们银行都有什么产品啊？

您之前做过哪些产品，想要多少收益率呢？

我买过银行理财，但是收益太低了，有收益高点儿的么？

基金收益高些，不过要看您的风险承受力。

哪只基金收益好呀？

我们最近有一只 ×× 基金挺不错的，今年的收益率到目前已经超过 20%。

这么高啊，那风险也不低吧……还有别的产品么？

我们这儿还有款少儿保险，您现在开始每年给孩子存 1 万，读中学开始每年可以领 4000，相当于教育基金的补充。最近还新上了一款意外险，发生意外的话最高有 160 倍赔付……

哦……那你先给我点材料吧，我先回去看看。

理财经理

客户

整段对话下来，不算特别满意，但又挑不出人家什么毛病；总觉得哪里怪怪的，但又说不清到底哪里有问题……问题在哪里呢？我举个生活中的例子，你就懂了。

假设你过去一段时间忽然开始咳嗽，吞咽的时候感觉嗓子也很疼，吃了点止咳药或者家中常备的消炎药，却总是没见什么起色，于是你决定去医院看看医生。

当你和医生面对面坐下，医生一般会先问你一些问题——哪里不舒服，不舒服多久了，有什么反应，最近生活习惯有什么变化，之前吃了哪些药，吃了多长时间，过去有没有什么病史或者过敏史，等等。

简单询问之后，医生可能会让你张嘴，用压舌板压住你的舌头，让你"啊……"，看看里面是不是有红肿；或者挂上听诊器，听听你肺部是不是有异常。接下来，医生可能要开出一张化验单，让你先去验个血，或者拍个胸片，拿到化验结果之后再来找他。

而等你拿到血液检测结果或者 X 光片之后回到诊室，医生会将血液检测报告中的数据，或者 X 光片中的影像信息，结合自己掌握的专业知识和过去的从医经验进行综合分析，然后告诉你，你到底得的是肺炎、扁桃体炎、上呼吸道感染或是其他疾病，总之会给你一个确诊的结果。这时即使医生不说话，你也会迫不及待地问医生："那我应该吃点什么药呢？"随后医生会给你开出相应的处方，告诉你怎么吃、吃多久，同时饮食上要注意哪些忌口，生活作息上要多睡觉、少讲话，大概一周就可以康复了，如果还是没有缓解的话就随时再过来，最后在病历上写下这些内容，以及两个字——随诊。

回家之后，你一定也会老老实实地听医生的话，按时吃药，注意休息。因为，你是如此地珍视生命，关注健康。

在上面这一大段对就医过程的描述中，我们出于对医生专业度的信任，而将自己人生中最重要的东西——生命，托付给了他们。与此类似地，很多人把他们人生中仅次于生命，第二重要的东西——钱，托付给了理财经理，得到的却是什么呢？

我们不妨把之前那段对话拿出来再看一遍。

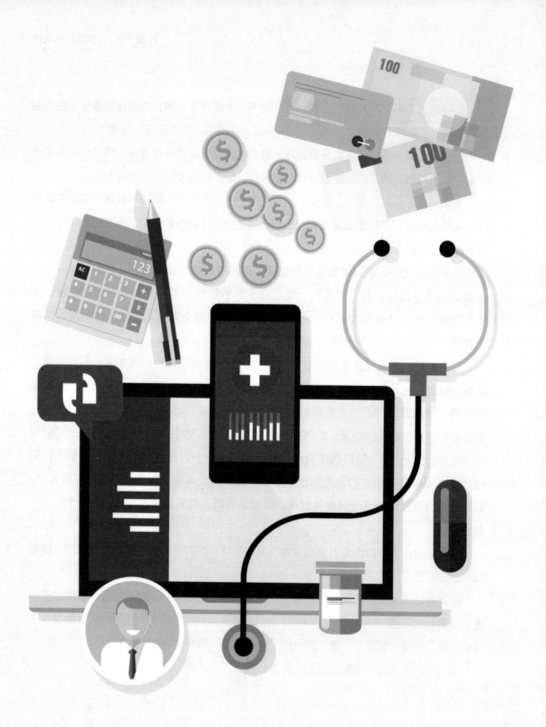

我想理财，你们银行都有什么产品啊？
（大夫，我最近身体不舒服，该怎么办呢？）

您之前做过哪些产品，想要多少收益率呢？
（你哪儿不舒服，不舒服多久了，吃了什么药了么？）

我买过银行理财，但是收益太低了，有收益高点儿的么？
（我吃了点止咳的药，但没什么效果，接下来怎么办呢？）

基金收益高些，不过要看您的风险承受力。
（那吃点消炎药吧，要是你不过敏的话。）

哪只基金收益好呀？
（具体吃哪种消炎药呀？）

我们最近有一只 ×× 基金挺不错的，今年的收益率……
（我们这新进了一款 ×× 消炎药不错，很多患者都反映见效很快。）

……还有别的产品么？
（还得怎么治疗呢？）

我们这儿还有保险，您从现在开始每年存 ×× 元，等到 60 岁每年可以领 ×× 元，可以当作是养老金的补充；最近还新上了一款 ×× 意外险，发生意外的话有 10 倍赔付。
（我们这儿还有软化血管的药，您现在开始吃，可以预防老年痴呆；最近还新来了一款治高血压的药，吃上 10 分钟马上就降压。）

哦……那你先给我点材料吧，我先回去看看。
（已崩溃……）

理财经理

客户

这样对比着看，是不是就知道哪里不对了？！

没错，医生给患者看病，一共做了五步——询问病情，利用仪器检测，获得量化数据，结合临床经验进行确诊，开药。

而在大部分的金融机构，理财师们只会简单地询问"病情"，并不会接着对我们的投资现状、财务目标等进行任何的所谓"仪器检测"，自然也就无法获取任何有价值的

量化数据。比如，"如果要为退休金做准备，您需要从现在开始每个月攒多少钱""如果
12 年之后您想送孩子去美国读书，目前手中的教育储蓄，需要达成每年百分之几的回
报率"，等等。大多数理财经理本身又没有丰富的从业经验，在无仪器、无量化、无数
据的情况下，唯一能做的，就是直接把"药"丢出来——投点基金吧，买点保险吧，来
点金条吧……

他们具体又是依据什么，推荐了哪些"药"给到你呢？你想买银行理财，他会告
诉你银行理财的收益赶不上通胀，不如考虑这款万能险吧（这可能是因为卖保险奖金更
高）；如果你觉得万能险收益也不够高，他会从代理销售的基金池里给你推荐某款股票
型基金（这可能是因为行里最近和这家基金公司的合作比较密切）；你嫌股票型基金波动
性大，他会从基金池里再给你找出一款债券型基金（这可能是因为行里考核综合业绩，
而他这个月"债券基金"一项的业绩目前还在挂零）；你说担心人民币贬值，他会建议
你买海外基金，说可以对冲人民币风险（这可能是因为海外基金的奖金比国内基金更可
观）；你说自己对海外市场不了解，他会说那就买点金条吧，这个抗通胀。（这可能是因
为……反正你就是不能这么空手走出银行大门！）

发现了么？他关心的，并不是你目前的投资状况是否健康，也不是帮你找到最适合
你的资产配置模型，更没有全市场地去搜罗所有好的产品，在仔细研究之后优中选优地
推荐给你。至于你的收益嘛……如果接下来市场上涨，他会说你看我给你推荐的不错
吧，你再买点这个那个吧；如果接下来市场下跌，他会说最终的投资决定都是你自己做
的啊，他的销售流程可都是合规的……

可是，作为"理财科"的医生，那个最关键的问题——投资者到底哪里病了，为什
么需要吃这款药，恰恰被忽视掉了。他们只知道，这款药是"老字号""大品牌""去年
销量领先""老板说这个月必须得卖出去十盒"，至于治不治你的病……随缘吧，反正也
治不死。

就这样，很多普通投资者抱着"医生怎么着也比自己专业些吧""要不就先买两款试
试"，甚至是"唉，来都来了，也不能空手回去啊"的想法，在还不清楚自己的"病情"
和"治疗方案"的情况下，就糊里糊涂地买了一堆"药"回去，满怀期待地希望自己的

身体可以好起来，钱包可以鼓起来。然后……就没有什么然后了。

而真正的理财顾问，应该是既要询问客户的理财现状，又要关注客户未来的投资目标，通过了解其真实的风险承受能力，找到在其可承受的风险范围内，那个最优的资产配置组合比例，同时结合自身经验，在市场上的万千产品中，挑选最优质的投资产品给客户，帮助客户做好从资产配置到具体产品的实施，并能够在未来，持续关注整个市场动态以及客户具体的资产变动情况，适时地给出再平衡建议，对相应产品买入或卖出，以实现客户资产的长期稳定增值，最终实现客户不同人生阶段的各类理财目标……

听起来很神圣，没错，其实这种完美的状态，对于很多理财经理来说，在入行的第一天起，就作为了自己的职业理想，他们是希望通过自己的努力能够给到客户的。但目前大部分金融机构，对理财经理的业绩考核，是以销售指标的完成度来衡量的。所以，只要你买了理财经理推荐的产品，无论是什么，基本都会纳入他的佣金计算体系。而买入之后，产品的表现如何并不影响销售人员的业绩完成率以及接下来发放的奖金薪资。也就是说，只要你买了，他就赚完钱了，他没有必要对你的投资表现也就是盈亏负责任。而如果市场下跌，一般投资者都会对销售人员的专业度产生怀疑，这时销售人员无论给出怎样的产品调整建议，都很难被客户接受，容易招来不满甚至投诉。而一旦投资者决定止损离场，很有可能把资金转移出该金融机构，这就更会影响到该销售人员的业绩……在这样的情况下，很多理财经理根本无法坚定初心地认真提升自己的专业度，做一个专业的"医生"，而往往把大量的精力放在寻找客户和产品营销上，变成了一个"卖药的"。

　　当然，我们绝对不是说市场上的理财经理都不负责任，只是在这个行业的"体制怪圈"里，尤其是奖金制度的刺激加上相应量化工具的匮乏，理财经理很难保证其"中立性"，为投资者推荐最佳产品组合。所以，在这样的市场环境下，就要求我们普通的个人投资者，不能做一个什么都不懂的"甩手掌柜"，而要对一些简单的投资理念和策略多一些学习和了解，用知识武装自己，才能识别出那些营销上的套路，不再做那个不懂辨识的投资者。

第**5**天
总结

目前市场上的理财经理，大多因受雇于金融机构，仅能从自家机构的产品池中进行理财产品的推荐，无法完全中立客观地从客户的角度出发，提供最为有效的理财建议。同时，整个市场的营销环境以佣金制导向为主，也使得理财师无须对客户的整体投资表现负责，专业度不足的现象较为普遍。在这种情况下，普通投资者不能对自己的投资采取"放任委托"的态度，必须学习些基本的理财知识，才能对理财产品有客观的辨别和判断，以免落入营销套路。

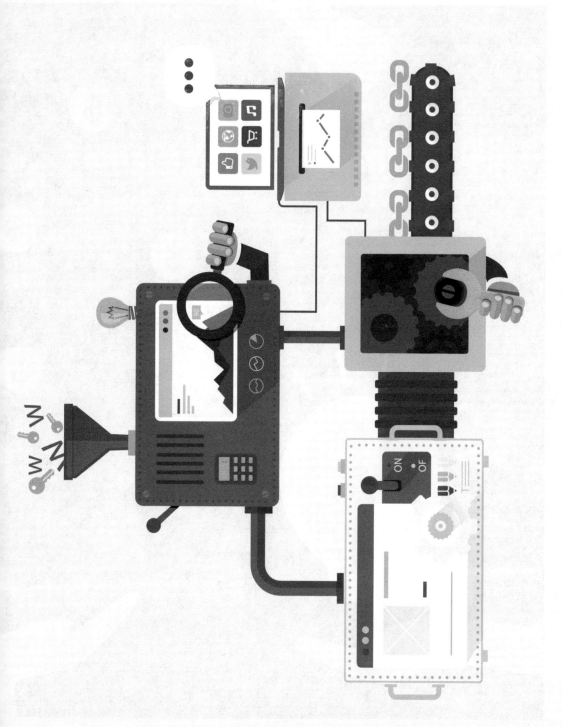

第二章

02 CHAPTER TWO

理财，
是一门科学

隔壁老王的投资故事

这一章中，我们先帮助大家扫清一些投资理念上的既有障碍，从下一章开始，我们将进到方法论的环节，从四步法开始，带领大家打牢基础，开启科学理财的第一步。

在开始这一章之前，我先来给大家讲一个真实的故事。可能有点长，但我相信看完之后，你会有很多的感触。

在 2000 年以前，理财市场上可投资的品种是非常有限的。那时虽然中国的股票市场已经发展了十余年，也经历了几轮涨跌行情，但对于怀揣着自己辛苦积攒的血汗钱的普通百姓来说，大多数人都没有纵身一跃、投身股海的勇气，而更愿意将钱相对保守地放在银行，存上个"死期"（定期存款），想着不管怎样，只要守住本金，还能白赚点利息，已经算是现世安稳、岁月静好的最佳选择了。

而在当时，一些早几年做外贸生意起家的投资者，借助改革开放带来的"时代的红利"，已经积累下了不小的财富，其中亦不乏大量的外币资产，老王就是其中之一。在那个人民币投资产品都欠丰富的年代，外币资产的投资选择就更加有限了。老王和很多跟他一样，先一步接触了"外面的世界"的弄潮儿们，都不满足于定期存款的微薄收益，向当时的银行提出了想要通过理财产品，获取更高回报的投资需求。

大约在 2004 年前后，银行顺应老王们的需求，推出过一款美元结构性理财产品，投资期限为 5 年，到期保本，同时保证 15% 的总收益。算下来平均每年有 3% 的稳妥回报，已经比当时连 1% 都不到的美元定期存款利率吸引人多了。但其实优势还远不止于此。

这款产品有着不同于定期存款的收益计算方式：第一年会直接付给客户 8% 的收益，从第二年开始，按照 7% 减去两倍 Libor [⊖] 的计算公式，支付每年的当期利息。如果合同中承诺的 15% 的总收益提前获满，那么产品就可以提前终止，客户将更早地拿回全部本金及利息（见表 2-1）。

表 2-1　老王投资某美元结构性产品的收益计算方式

年份	当年收益率计算公式
第一年	8%
第二年～第四年	7%-Libor×2
第五年	承诺收益的未获得部分
承诺总收益	15%

在产品发行的 2004 年，当时的 Libor 不到 2%，所以老王简单地认为：第一年我先妥妥地拿到 8%；然后第二年，用 7% 减去不到 2% 的两倍，保守算我还可以拿到 3% 多；如果第三年还如此，那么我 15% 的收益在第三年有望全拿够，然后像合同中写的那样，产品就会提前结束。我相当于只用了三年的时间就拿到了 15% 的总收益，年化收益率高达 5%，这简直太划算了！

于是，手握美元资产，一直苦于投资无路的老王，就这样怀揣着三年保本保收益，每年回报 5% 的美好憧憬，草草地签订了理财产品认购协议，幻想着坐等三年，回来取钱。可谁知……

从 2005 年开始，随着通胀预期和美国地产泡沫的越吹越大，Libor 利率从 2% 左右一路飙涨至 5% 以上，并一直维持 5% 左右的水平，直至 2008 年才略有下降（见图 2-1）。

⊖　Libor, London InterBank Offered Rate 的缩写，伦敦同业拆借利率，是大型国际银行愿意向其他大型国际银行借贷时所要求的利率，常常作为商业贷款、抵押、发行债务利率的基准。

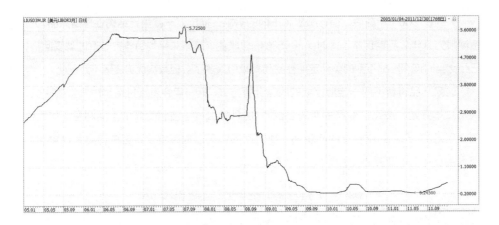

图 2-1　2005 ~ 2011 年，Libor 美元同业拆借三个月利率走势图
资料来源：Wind。

而远在大洋彼岸的老王，完全没有料到市场的变化是这样的。投资的第一年，他确实拿到了 8% 的收益；而第二年，随着 Libor 上涨，他只拿到了不到 2% 的收益；到了第三年，7% 已经不够减 2 倍的 Libor 了，当年老王账户上颗粒无收……三年拿回 15%的目标，就这样变为了一场路漫漫的等待（见表 2-2）。

表 2-2　老王投资某美元结构性产品的实际回报

年份	当年收益率计算公式	实际收益率
第一年	8%	8%
第二年	7%-Libor×2	2%
第三年	7%-Libor×2	0%
第四年	7%-Libor×2	0%
第五年	承诺收益的未获得部分	5%
合计		15%

与此同时，随着 2005 年开始的汇率改革，美元兑人民币的汇率开始一路下跌（见图 2-2），这使得老王原本就被 "锁住" 的美金资产，每天都在默默地缩水，无疑让他本就懊恼的情绪又增添了许多焦虑。

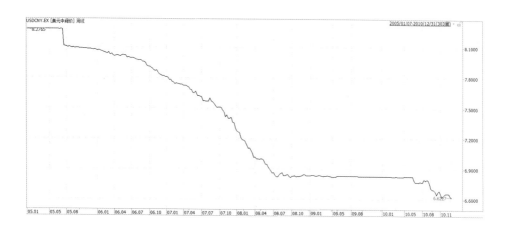

图 2-2　2005 年 1 月至 2010 年 12 月，美元兑人民币汇率走势图
资料来源：Wind。

　　而就在老王心烦意乱、懊悔不已的时候，中国股市忽然拔地而起，开始了一轮从 1000 点到 6000 点，波澜壮阔的大行情（见图 2-3 ）。

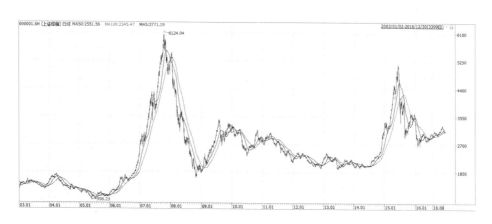

图 2-3　2003 ~ 2016 年，上证综指走势图
资料来源：Wind。

也就是说，从 2006 年开始，老王一边看着自己的美元天天缩水而无能为力，另一边还要看着那些远不如自己有钱的普通人，随随便便就能在股市里赚得盆满钵满。此间的反差，终于使得暴脾气的老王坐不住了，开始向银行"讨要说法"，要求提前赎回他的美元产品。

虽然产品合同中明确标明了投资期限和不可提前赎回条款，迫于压力，银行还是接受了他的提前赎回申请，同时也明确告知，赎回金额无法保证他的投资本金。即便如此，看着别人在 A 股市场赚钱已经急红眼了的老王，为了不再错失投资良机，还是认亏赎回了自己的美元，并火速将其换成了人民币，在 6000 点附近，全仓杀进了 A 股……

之后发生的事情，我就不多说了，大家再看一下图 2-3 的上证走势图吧。

到了 2008 年年初，经历了 A 股的浩劫，当年忍不住杀进去的老王终于幡然醒悟——不行，还是得把钱存在银行。虽然收益不高，但好歹保本啊！懊恼不已的他拿着所剩不多的人民币又返回了银行，明确提出：你们的理财产品太坑人了，我只做存款！

　　本着存款自愿、取款自由的原则，银行也"不计前嫌"地接受了当年跟自己撕破脸的老王。同时面对老王"存哪种定期利息高"的问询，银行工作人员很负责地告诉他：澳元定期收益高，现在有活动，可以做到年利率 9%。

　　毕竟老王也算是折腾过外汇、见过世面的生意人，心想虽然可能短期用不上澳元，但保本保收益，一年赚个 9%，年底再换回来，即使澳元跌了一点儿（见图 2-4），剩的怎么着也比傻存人民币要强吧。于是二话不说，在 2008 年 3 月份的时候，把兜里所剩不多的人民币都换成了澳元，做了一年的定期存款。

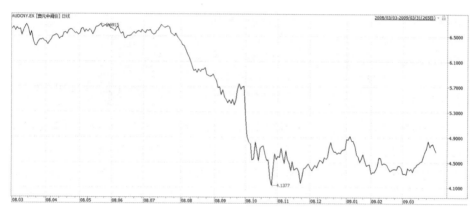

图 2-4　2008 年 3 月～2009 年 3 月，澳元兑人民币汇率走势图
资料来源：Wind。

　　图 2-4 是老王做澳元定期存款的一年间，澳元兑人民币的汇率走势。老王换澳元时候的价格，是 1 澳元可以换 6.3 元人民币。一年过去之后，老王虽然稳妥地拿到了 9% 的收益，澳元对人民币已经跌到 1 澳元只能换 4.3 元人民币了……

　　这下老王终于服气了——我就不是投资的料，还是专心去做生意吧。万念俱灰之下，他把资金存了个五年定期，从此之后再也没有动过这笔钱。

　　直到 2015 年，老王在出差的高铁上看到了某融资租赁公司的广告，发现产品收益不错，于是取出了在银行趴了五年刚刚到期的资金，转战互联网金融。半年之后，传出了该公司涉嫌非法集资被立案调查的消息。

做完了投资受害人报案登记，老王回顾了过去这十多年来从有到无的投资路，不禁有些迷茫——当年那款美元的理财产品是不是专门设计出来坑人的？中国 A 股真的就只是散户收割机而赚不到钱么？定期存款也能亏损究竟是怎么回事儿？新兴的互联网金融又到底是不是骗局呢？纵横商海 20 年的老王，从来没有如此悲观地怀疑自己的投资眼光（见表 2-3）……

表 2-3　老王十年投资盈亏总结

年份	选择产品	盈亏（以人民币计价）
2004 年 4 月~ 2007 年 6 月	美元结构性理财产品	-20%
2007 年 6 月~ 2008 年 3 月	中国 A 股	-40%
2008 年 3 月~ 2009 年 3 月	人民币换澳元，一年期定期存款	-24%
2009 年 4 月~ 2014 年 4 月	五年期定期存款	18%
2015 年年初	某互联网金融产品	不明

看到这里，相信你跟我一样，都知道问题出在了哪里。没错，问题不在于老王选择的那些产品本身，而在于老王投资的方式——只追求收益而忽略了风险，永远孤注一掷而不懂得分散，不了解自己需求就贸然投资，没有看懂产品运作模式就盲目跟风。这些毛病，不止老王在投资的时候会犯，你、我，任何一个普通的投资者，都可能随时成为老王的"病友"，将自己辛苦积攒的钱，变成了投资路上有去无回的学费。

第 **6** 天总结

或许你并没有老王这么凄惨的经历，没有像他这样如此"准确"地踩到每一次投资失败的雷上，但我相信，每个人都会在老王的投资选择上，看到自己曾经的影子。如何避免老王的悲剧发生在自己身上？想要学会科学理财，究竟要怎么做，又需要了解哪些基本常识呢？接下来，我们将为大家带来科学理财的四步法。

科学理财四步法，步步为赢

说起理财，很多人的反应是：想学，但不会。想学，是因为多数人都想学会"钱生钱"，摆脱靠一份死工资过穷日子的窘境。而不会的背后，大概有两个原因，一个是不懂，另一个是害怕。

我曾经问过一些朋友——明知道一线城市的房价已经高到不吃不喝20年才买得起，为什么不去学点投资，让自己有其他收入来源呢？朋友们的回答大多是，"不知道怎么学，而且感觉学起来很难"。这个答复，说出了很多人的心声。

在大多数人的认知里，日常生活中能便捷学习理财的途径很少，慢慢地就"不知道怎么学"了；而理财知识看起来十分专业"难学"，加上投资的概念带着"风险"属性，所以很多人"害怕"了。确实，理财对于大多数人来说，犹如一段充满冒险的寻宝之旅，前方的宝藏诱惑迷人，但脚下的旅途坎坷令人望而却步，人们止不住对金钱的渴望，却又畏惧路上的困难和风险。

很多人对理财的认知有个误区，以为理财就是去买高收益的产品，却不知科学理财是一个专业的系统工程。别看"科学理财"这个名词很高大上，其实执行起来很简单——合理分配自己的钱，把它们放到经过科学筛选的理财产品上，然后持续管理和调整，从而既能降低风险，又能获取高收益。最终，通过科学的方法，把理财变成一种享受，把赚钱变得很简单。

想要做到科学理财，其实并不难，只需要学会以下四步就够了。

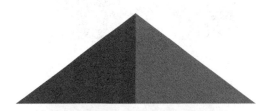

利用资产配置再平衡策略增强收益，并寻求波段性的加减仓机会

学会在各大类资产中挑选优质的产品

第三步
理解大类资产之间的对冲性，并找到合适的资产配置比例

第一步
理解科学理财的核心——资产配置，分散投资

这四个步骤，听起来有点不明所以，但如果你把自己辛苦攒下来的资金，比喻成能给你带来安全感的一个小房子，那么，科学理财的过程就像你亲手盖一座自己梦想中的房子——第一步，理解分散投资的理念，就如同你盖房子之前，要先打好地基。如果理念不理解到位，地基不牢固，那后面无论怎样的投资操作，都是暗含风险的。第二步，找到适合自己的资产配置比例，就像你开始建造房体。各种建筑风格你都可以选择，关键是你更喜欢哪种，哪种又最符合你的需求。第三步，挑选优质的产品，很像在房子盖好之后，进行精装修的过程。你需要仔细比较、精心挑选，才能在入住之后，体会到家的舒适

和温馨。而最后一步的资产配置再平衡，就好比是你顺利入住之后，还是要定期对房体进行及时的维护，才能避免安全隐患，住得长久而安逸。

而如果你做好了这四步，在收益上，会产生多大的差别呢？科学理财的效果究竟怎样呢？

表 2-4 是 2015 年 3 月 17 日至 2017 年 3 月 17 日，以不同的理财方式进行投资，获得的收益率与承担的波动率风险的情况。

表 2-4　2015 ~ 2017 年不同理财方式对应收益率与波动率数据

理财方式	收益率	波动率
仅持有单一资产（上证 50）	-9.1%	29.4%
中小灵活风格基金 （55% 银行理财 +45% 上证 50）	1.5%	13.2%
债券基金 （55% 银行理财 +45% 上证 50） （每两个月一次比例调整）	5.3%	13.0%

资料来源：Wind，7 分钟理财测算。

从表中我们可以看到，如果你仅投资单一资产，我们以投资上证 50 为例，两年下来收益率为 -9.1%，也就是说，没赚到钱，反倒亏了将近 10%；而与此同时，你还承担了 29.4% 的波动率，也就是不仅亏了钱，还跟着这忽上忽下的市场遭了罪。

而如果你能够理解科学理财的理念，采用适合自己的资产配置比例进行投资，假设将资金的 55% 用于投资稳健的银行理财产品，用剩下的 45% 投资上证 50 的话，虽然这两年股票市场没有"赚钱"的行情，但好在你有固定收益的银行理财，帮助你将收益率顺利"扭亏为盈"，变为 1.5%，同时波动率也大大降低至 13.2%。而如果你不仅知道资产配置，还能够每两个月完成一次资产配置的再平衡操作，那么两年下来，你的收益率将达到 5.3%，同时波动率进一步降低至 13%。

或许在漫长的投资过程中，过去两年的数据并不具备充分的说服力，因为没有经历过一次完整的上涨下跌的过程，并不足以证明科学理财的有效性。那么我们就将时间拉长，看看五年的数字。

表 2-5 是 2012 年 3 月 19 日至 2017 年 3 月 17 日，五年间的投资数据。在这期间，中国市场经历了一次从慢熊到快牛最后下跌震荡的走势。如果我们单一投资在上证 50 上，五年下来收益率是 31.9%，平均年化收益在 6% 左右，貌似还不错，但在过程中依然承担了 25.7% 的波动率。而如果我们沿用上一个案例中，55% 投资于银行理财加上 45% 投资于上证 50 的模式，对投资资金进行资产配置，虽然我们的整体收益率相较单一投资上证 50 略有减少，为 29.5%，但波动率被大大降低至了 11.6%。也就是说，在赚钱效应没有打折的基础之上，只承担了不到一半的波动性，可谓是投得科学，赚得舒服。如果再配以每两个月一次的资产配置再平衡操作，我们将在承担同样波动率的基础上，将整体收益提升至 42.3%。

如果我们还能掌握更多的科学理财方法论，学会如何挑选优质的基金放入资产配置的篮子里，以一只表现中上的基金为例，五年里我们将进一步实现收益率的跨越，获得超过 80% 的总回报。这，就是科学理财的魔力所在。

表 2-5　2012 ~ 2017 年，不同理财方式对应收益率与波动率数据

理财方式	收益率	波动率
仅持有单一资产（上证 50）	31.9%	25.7%
资产配置 （55% 银行理财 +45% 上证 50）	29.5%	11.6%
资产配置 + 再平衡 （55% 银行理财 +45% 上证 50） （每两个月一次比例调整）	42.3%	11.6%
资产配置 （55% 银行理财 +45% 中上等基金）	80.7%	12.9%
资产配置 + 再平衡 （55% 银行理财 +45% 中上等基金） （每两个月一次比例调整）	82.5%	10.0%

要知道,这世界上的富人们,财富的最大来源都不是靠打一份工,而是懂得利用"钱生钱"。所以,不要再做那个只会傻傻地买余额宝的人了,我们一起尝试去利用科学的方法,通过投资赚得更多的钱吧。接下来的章节,我们将会依照先解释原理——为什么要这么做,再提供指导方法——究竟该怎么做的顺序,与大家逐步分享科学理财的每一步。

第**7**天
总结

科学理财四步法,其实并不难——第一步"打地基",也就是理解为什么要分散投资;第二步"盖房子",也就是找到适合自己的资产配置比例;第三步"精装修",也就是学会挑选优质的产品;第四步"勤维护",也就是经常关注市场和产品表现,做出调整,并定期检视资产配置的比例是否合理。最终,我们将通过坚持长期投资,获得稳定而令人满意的投资回报。

长期稳健收益的核心
是什么

——

　　资产配置，看到这四个字，可能很多人都想说，这有什么可单独拿出来讲的，不就那句最简单的——鸡蛋不要放在同一个篮子里嘛，谁不知道啊？！是啊，大家都听过，可是，你赚到钱了么？

　　其实问题的核心，还是在于你究竟懂到什么程度，以及能否从知道到做到，最终实现赚到。

　　想真正理解资产配置，我们必须先了解一个事实——所有的可投资资产，在长期来看，都有一个与众不同的收益值与风险值。

比如说，很多人都觉得投资股票收益高。没错，无论是成熟的美国市场还是发展中的中国股市，长期投资来看，回报率都还是不错的。这取决于经济发展的整体趋势是向前的，企业未来的盈利预期，会为投资者带来稳定的分红以及股价的提升。但与此同时，相对高回报的表面下，也暗含着高风险。一般我们用波动性这一量化指标来表示。高的波动性就意味着资产价格的不稳定，也就是我们通常意义上所说的，有时赚有时赔，在波折中前行。

而相对于股票，债券的价格波动就小了很多，当然，收益也就没那么吸引人了。在很多人眼里，债券是回报稳健的代名词；换句话说，指望它实现资产高速增长是很难的，不过，也无须担心投资债券会遇到大幅度的缩水。

中国市场的历史数据也佐证了这一结论。在表 2-6 中我们看到，从 1991 年至 2016 年，以投资沪指为例，平均年化收益达到 13.06%，貌似回报不错，但当我们再把目光投向它的波动性，以月线来计，竟然高达 56%，还是让人瞬间就对市场"心生敬畏"。而以上证国债为样本的债权类投资就相对稳健得多，波动月线只有 2.6%，当然，收益自然也不能抱以太高的期望，从 2003 年有数据至今，年化收益也只有 3.34%，略胜于定期存款而已。

表 2-6 沪指与国债，长期投资下收益率与波动率数据

资产类别长期表现		
类别	收益（年化）	波动（月线）
沪指（1991 年至今）	13.06%	56%
上证国债（2003 年至今）	3.40%	2.60%

资料来源：Wind，7 分钟理财测算。

说到这儿，很多人可能要想，既然投资的目标是为了赚钱，而历史数据又告诉我们，股票的收益比债券好，那我得集中火力，把资金都投资在股票市场上，才能追求更高回报呀！至于风险，就像你说的，分散开就好了嘛，我当然也不会傻到把鸡蛋放在同一个篮子里，我分散着买 10 只或者更多股票不就可以了吗？

你看，这就是你总赚不到钱的问题所在。

所谓分散投资，并不是指你在同一资产类别中的分散。比如把资金都拿去买股票，买不同公司的股票，这样做，只能让你完全暴露在市场下跌的风险中，无法规避掉系统性风险。比如 2015 年 6 月，A 股在到达 5178 点之后迅速下跌至 3000 点左右，在这个阶段，无论你是分散了 10 只股票还是 100 只股票，都难逃被"收割"的命运。再比如，你认为 P2P 的收益高于投资债券，但也知道有"跑路"的风险，于是把资金分散到了 10 家 P2P 公司的产品上，这些都不是把鸡蛋放到不同的篮子里，而只是把鸡蛋用塑料袋分好，放在了同一个篮子里。

而真正的资产配置，是在结合了个人的投资目标和风险承受能力之后，综合判断在股权、债权、商品或另类等大类资产中的投资比例，进行大类资产的分散。比如只是做股权 + 债权，这种最简单的配置，就会起到至少两个效果。

第一个效果，是可以降低单一资产的投资风险，实现风险可控。通常股票市场大涨时，债券市场的表现就会相对差一些；而股市下跌，债市的表现会相对较好。比如 2015 年下半年，股市是震荡下行的，而此时，债券却迎来了一轮小牛市的上涨。如果我们的整体投资组合有股有债，那么我们既不会在股市上涨时，错过赚取收益的机会，也会在股市下跌时，保持风险相对可控——虽然股市跌了，但是债市涨了，收益不会太过难看。

分散配置的第二个效果，是实现操作层面的可控。我们都知道股市波动大，债市波动小。如果我们全仓在股市，上涨倒还好，一旦遇到市场震荡下跌，只能被动地看着自己的资产每天缩水，或者把心一横，忍痛止损。而如果在此之前，你做过最简单的股权 + 债权的配置，那么这时候，你手中的那些债权类资产，由于波动较小而没有亏损或者还稍有盈利，你就可以从中抽出一部分资金，趁着市场下跌，适当补仓进入股市，以实现低位的加仓，拉低整体的投资成本。

所以，资产配置的分散，不应该是同一资产类别项下各种产品的分散，而应该是大类资产的分散。而这样做的意义，并不是为了永远追求最高回报，而是在追求投资回报的过程中，将风险变得可控。

　　其实分散配置的道理并不难理解，但操作起来，却很难有人真正做到。从业十余年，我们看到大多数人在投资理财的实际操作中，对于控制风险的态度，两极分化非常严重——客户A追求零风险，所以就只买保证收益的理财产品，一年赚4%，但他眼看着公司楼下的鸡蛋灌饼已经从5元涨到了6元，一年涨了20%，不禁黯然流泪；客户B瞧不起客户A的保守，他追求高收益，结果却被无良的P2P盯住了本金，P2P赚得盆满钵满，他亏得倾家荡产；客户C说你们都起开，看我在股市低点买进、高点卖出，赚到飞起！结果每次都是"绿巨人"冲进去，"忍者神龟"爬出来；客户D比较低调，亏成忍者神龟的时候安慰自己是个长期投资者，默默发誓说指数早晚能涨回来，等回本我就卖，再也不玩儿了。但当指数涨回本的时候，他又忘了自己当年的承诺，双眼冒绿光地想，"不赚点就卖，怎么对得起我潜伏这么多年？"……

　　怎么样，是不是总有一款戳中你？

　　说到底，资产配置之所以如此易于理解而难于执行，就是因为它虽然可以让你少亏，但代价，是你也要忍受少赚。听到"少赚"两个字，为了赚钱才投资的我们都会感到矛盾又纠结——要赚钱，你还要我少赚……

　　没错，为了最重要的少亏，你就是要忍受次重要的少赚。可能你会觉得："亏一点也没啥吧，反正早晚会涨回来啊，至于那么畏首畏尾么？"那我就来考考你，如果你亏损10%，想要回本的话，需要再涨回来百分之多少呢？10%？错！需要上涨11.11%！而如果你亏了50%，回本要涨多少呢？100%。如果你亏了90%，还想要回本？那你得坐等它上涨900%……这会儿你是不是好想向天再借500年？！

也正是因为没有人能够完全准确地预测接下来市场是涨还是跌，所以，为了避免激进的单一投资可能带来的亏损，将我们拖入无尽的等待，我们必须要忍受适当的少赚，在长期的投资过程中，稳步积累，实现整体资产的保值和增值。

当然，分散投资，除了在大类资产中要做到分散之外，在时间上也要相应做好"分散"——最好不要将手中的资金，一次性全仓投入，而应该有计划地分期分批建仓；同时，对于平日里现金流的结余，也应该做好管理，利用定投的方式，在坚持长期投资的道路上拉低成本，提升收益。这一部分，我们会在后面的章节做出更详细的讲解。另外，分散投资还可以在区域分散上做做文章。比如不仅仅把投资的范围局限在国内市场，还可以适度参与海外市场，在规避单一市场投资风险的同时，也可以分散单一货币的投资风险。

看到这里，如果你理解了"鸡蛋要放到不同的篮子里""鸡蛋不能一次性都放到篮子里"以及"鸡蛋篮子不能放在同一个地方"，那么你也应该懂得了在投资策略上，资产配置的核心即是分散投资如何帮助我们在变化莫测的市场上做到进可攻、退可守，你也就了解了科学理财的第一步。

房子的地基打得差不多了，接下来我们要着手盖房子了。

第**8**天
总结

分散投资，其实有多重含义，除了我们之前了解的——分散单一资产投资的风险之外，还可以通过定投的方式，分散单一投资时间的风险。更进一步，还可以通过全球化资产配置，分散单一国家或单一货币的投资风险。

"相生相克"的资产如何配置？

你的风险承受力匹配你的资产吗

在上一节里，我们简单解释了股权和债权类资产，由于不同的风险和收益性，一般不会同涨同跌，所以将两者适当搭配，可以起到降低投资组合的风险的效果，从而让大家理解了资产配置的第一步——分散风险。那么接下来，我们看一下普通投资者究竟可以把哪些资产考虑进自己配置的篮子中，又应该如何找到最适合自己的那个配置比例。

首先，可以选择哪些资产放入配置呢？除了之前提到的股权类、债权类资产之外，一些商品类或另类资产，比如黄金等，也可以放入资产配置的篮子中。当然，你的篮子也可以更丰富，比如加入一些外币资产、房地产投资等。不同的金融资产，风险与收益的相关性不同，因此原则上来说，你的篮子里资产越丰富、相关性越低，投资组合的风险与收益的"性价比"就越好。请看表 2-7。

表 2-7　2016 年 7 月～ 2017 年 7 月，各大类资产之间的相关系数

	股权	债权	黄金	美元
数据选取	上证综指（000001）	上证 10 年期国债（H11077）	伦敦现货金	美元兑人民币即期交易指数
股权	1.000	−0.331	−0.327	0.465
债权	−0.331	1.000	0.312	−0.460
黄金	−0.327	0.312	1.000	−0.808
美元	0.465	−0.460	−0.808	1.000

资料来源：Wind。

　　表 2-7 是过去一年间，市场上各大类资产表现的相关系数值。从表中我们可以看出，以上证综指为代表的股权类资产，与以上证 10 年期国债为代表的债权类资产之间的相关系数为 −0.331。意思是说，当上证指数上涨的时候，国债指数有的时候是下跌的，两者之间呈现负相关关系，将资产分散在二者之间，会出现降低风险的效果。同样，黄金与股权类资产也呈现出了负相关关系，系数为 −0.327。只有当我们把资金分散投资在相关系数低甚至是负相关性的资产上，降低风险的作用才会被更好地体现出来。

　　但力求完美的同时，我们也要考虑到实际的操作性。比如在国内，如果你想分散持有单一货币的风险，打算进行外汇投资的话，需要先了解国家的外汇管理政策，同时在投资额度和交易需求审核上，都会遇到一定的管制，可操作性受限。再比如房地产，虽然也可以看作一种金融投资工具，而且过去 10 年的中国市场的回报非常可观，但它在投资的可操作性上，也会受到非常大的政策影响，比如各个城市不时出台的一些限购措施。另外，你想像股票那样简单地今天买、明天卖，后天就可以把赚的钱拿去再投资，明显也是不可能的。所以，在全盘考虑了目前市场的可操作性之后，普通投资者如果能够在股权、债权、商品类或另类资产之中做到一个合理配置，同时做好动态管理，已经称得上是一名投资理财初级阶段的优等生了。

　　那么接下来，在锁定了可供投资的大类资产之后，又该如何找到那个"最佳"的配置比例呢？换句话说，我应该在股权、债权、商品类或另类这些资产篮子中，各放几个蛋，也就是各自分配可投资资金的百分之多少，才是属于我的"最优解"呢？

要回答这个问题，首先我们得明确一个概念——所谓的"最优解"，不是千人一面的最优，而是基于不同人、不同需求和风险承受度的"最优"。

举个例子。如果你现在在四川成都，想去北京看看天安门，那怎么来呢？你可以坐3小时的飞机，或者乘 14 个小时的高铁，当然，你也可以坐绿皮火车，先去拉萨看看风景，再坐拉萨直达北京的列车，前后晃上 40 个小时到北京。以上三种选择，你觉得哪一个是最优解呢？

从效率上来看，那肯定是坐飞机啊，3 小时耗时最短，不折腾，对不对？但如果你是个流浪画家，希望在去北京的路上寻找一些创作灵感，那么转道拉萨或许是个不错的选择。

所以，所谓的"最优"，其实是一种相对的"最优"，或者说是在某些特定条件下的"最优"。这个例子放到投资市场也是一样。虽然每个人的投资目标都是两个字——赚钱，但对于不同的人来说，追求收益最高，并不一定是最优解，因为收益和风险是成正比的：收益高，意味着投资的过程中，也承受了高风险。而面对风险的承受能力，每个人又是不同的。比如多年做期货投资的职业炒家，会认为资产下跌 30% 是常事，但是对于已经 60 岁的隔壁王奶奶，别说下跌 30%，就是跌个 3%，都要随时准备速效救心丸。所以，不同年龄、不同投资经验的人，能够承受风险的能力是不同的。

除了年龄和投资经验以外，不同的家庭生命周期，也会影响投资者的风险承受能力。我们在之前曾提到过的，同样是 35 岁，一个是没有家庭负担的钻石王老五，另一个是此时已经上有老下有小，还准备要二胎的家庭经济支柱，他们两个人在"最优解"方案的选择上，也由于各自所处人生阶段所能承受风险的能力不同而会有所不同。

那么，怎么才能找出自己的风险承受能力，继而找到自己的"最优解"呢？

很多人在金融机构买产品的时候，销售人员都会在下单前，邀请客户完成一份"风险评估问卷"，随后得出一个客户的风险类型，比如保守型或者积极型之类。但大多数时候，这个动作只是销售流程的合规要求，投资者即使做完了评估问卷，对自己能够承受的风险和可以获取的预期收益，依旧没有清晰的认知。那么，到底有没有一种行之有效的办法，可以快速地帮助我们了解自己能够承受多少风险呢？

在这里，我教大家一个简单易用的方法——工资测算法。

依次问自己四个问题——我现在手里有多少钱可以理财？我一个月能挣多少钱？如果亏掉一个月的工资，我难受么？如果还可以接受的话，两个月、三个月……大概亏掉几个月的工资我会开始坐立难安呢？

如果你现在有 10 万元可以拿来理财，而你每个月的收入是 1 万元，可能有些人觉得亏 1 个月工资，没什么感觉，投资嘛，有赚有亏很正常，可以接受；亏两个月？哎呀，忍一忍应该也能撑过去；亏三个月？不行了，三个月的活儿就这么都白干了呀，我受不了了……好，那我就可以知道，你大概可以承受三个月左右的工资亏损，也就是 3 万块。这笔可承受的损失，占你可投资资产 10 万元的多少呢？30%。也就是说，只要亏损幅度在 30% 之内，投资风险你还是可以承担的。当然，这个结果已经算是很高的风险承受力了。毕竟在长期投资的过程中，如果坚持正确的投资策略，总资产量下跌 30% 发生的概率还是相对较低的。

为什么会建议大家用这一方法来量化自己的风险承受力呢？因为如果我直接问你，你能承受亏损多少的风险，你一般都会回答：亏损？我可不要亏！但是你也知道，如果不亏，只做保本策略的话，收益率自然也不会那么高，甚至连通胀都跑不赢，只能眼看着自己手里的资产的购买力逐年下降。所以，要先量化自己的风险承受力，才可以清晰地找到此范围内，预期可获得的回报是多少。

假设你通过测算，知道自己可以承受 15% 的波动性风险，也就是说，你抗得住亏 15% 的"痛"，那么，市场应该"回报"你多少的预期收益率呢？最适合你的股权、债权、另类资产的比例，又各是多少呢？下节你就知道了。

在找到最适合自己的资产配置比例之前，我们要对自己有一个充分的认识，无论是设立合理的投资目标（比如参考无风险利率，我们以存款利率为例，在此基础上增加 5% 作为年化收益的目标），还是量化自己能够承受的投资风险（测试自己亏百分之多少的时候感到无法承受），都可以帮助我们找到这一比例。你不妨今天就行动起来，先给自己做这样一个测试。

大数据回溯——1.6 亿中的最优解

在上一节，我们量化了自己的风险，那么接下来，我们要测算出自己"应得"的回报大概是多少，并找到获得这一回报的方式，也就是各类资产的最佳配置比例了。这个过程可不像之前找风险承受力那么简单，需要一些"黑科技"来帮忙。

首先，我们需要做一下各类数据的收集和整理。我们要将过去五年中国市场上的各类产品——包括 3000 多只公募基金，能找到数据的约 25 000 只私募基金，银行理财、国债、黄金等各类产品和投资标的，既往的收益率和波动率数据拿到，并按照股权、债权、商品为区隔，进行大类资产的分类。

随后，我们要对区分好的各大类资产进行大数据测试（见表 2-8）。以 A/B/C/D 分别对应四大类资产（现金、债权、股权、另类）的权重，每个权重分别赋予 0% 到 100% 的不同比例，在四者加总等于 1 的前提下，A/B/C/D 的不同比例即构成了不同的投资组合。就这样，在我们的数据模型中，一共产生了 1.6 亿个有效组合。

表 2-8　数据回溯测试举例

股权类 (X)	99%	99%	98%	98%	……	65%	65%	……	23%	……	0%	0%
债权类 (Y)	1%	0%	2%	1%	……	30%	29%	……	4%	……	1%	99%
另类 (Z)	0%	1%	0	1%	……	5%	6%	……	73%	……	99%	1%

随后，我们将过去五年各大类资产的收益率和波动率的相应数据，代入到这些组合中，通过数据回测，就得出了每个组合在过去五年里其投资收益率和波动率的具体数值。即，这是大类资产和各类产品的交互计算结果。

如果我们画一张直观的图，用横坐标表示风险，纵坐标表示收益，那么，各类资产配置组合按照测算出的风险和收益率数值——对应之后，就如图 2-5 中的 ABCD 一样，散落在区域的不同角落，也代表着不同的风险和收益的"性价比"。

在这张图上，ABCD 四个投资组合，哪一个更值得投资呢？如果仅靠肉眼判断，貌似从收益高低的角度比较，B 是最好的选择，但是风险也偏高；而如果从控制风险的角度来看，A 是做得最好的，只不过收益平平。那么，所谓的"最优"，究竟应该如何选呢？

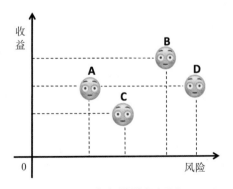

图 2-5　各大类投资组合示意

事实上，我们可以从两个维度来寻找"最优"。一个是风险维度（比如图2-6），在承担同样风险水平的时候，明显 A 的收益高于 B，那么相比之下 A 就是更优。

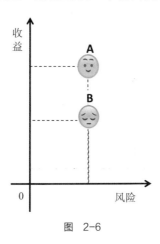

图　2-6

另一个维度，是看收益。比如图 2-7 中，同样收益的情况下，B 组合的风险更低，那么，相对 A 来讲，B 就是更好的选择。

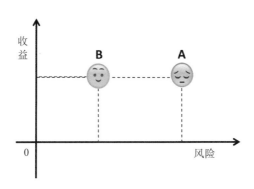

图　2-7

也就是说，在长期投资的过程中，不同的组合配比，即便是承担了同样的波动，收益也是不同的。而从投资性价比的角度，我们当然希望同等风险的情况下，收益越高越好。所以我们按照这个原则，就可以在坐标轴上，在无数个对应着不同回报和风险的小点中，找到一条最优的资产组合曲线，也就是图 2-8 中的这条曲线，也叫有效边界曲线。

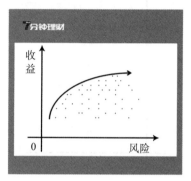

图2-8　有效边界曲线

　　我们将曲线上这些"最优"组合按波动率，也就是风险级别进行排序分群。在波动率接近的若干组合中，我们去寻找那个得到了最高收益率的组合模型，也就是离图 2-8 曲线最近的那些小点点，看看究竟是将股权类、债权类、另类资产做了怎样的配比，才得到了最好的投资回报。而这一比例，就是该群中的"最优解"。

　　通过这一数据回溯的过程，普通投资者就可以简单地将自己的风险承受力代入组合中，然后得到在这一波动率项下，最高收益率的那个组合，明确回报究竟如何，又是通过怎样的资产配置比例获取的，进而也就找到了专属于自己的"最优解"。比如你算出自己能够承担 8% 的波动亏损，假设通过数据回溯的结果，8% 的波动率对应的年化回报是 12%，而这 12% 的回报是通过 55% 的股权、40% 的债权以及 5% 的另类资产配置而得，那么，55/40/5 的配置比例，就是属于你的"最优解"。当然，你也可以通过设定自己想要获得的年化回报率，对照数据回溯的结果，看到波动率数值，即自己需要承担的风险，进而考量这一风险值是否在自己可承受的范围内，同时从另一个侧面找出自己的"最优解"。

　　看到这里，一些思路严谨的读者可能会问，不是说历史业绩不代表未来表现么？那通过历史数据回溯做出来的"最优解"，真的有参考价值么？另外，为什么又偏偏是取五年的数据呢？

非常好的问题！

一个科学的投资组合建议，不应该来自臆想，而应该有其科学的依据。虽然历史业绩不代表未来预期，但从长期投资来看，每个资产类别都有一个相对固定的收益值和风险值，而其究竟是高风险高收益还是相对稳健，则取决于这一资产类别的根本属性。

这样说可能大家会觉得晦涩，我们用历史数据来说话（见表2-9）。

表2-9　各大类资产长期投资下收益率与波动率数据

各资产类别的长期表现		
类别	收益（年化）	波动（月线）
美股（1927年至今）	5.59%	18%
沪指（1991年至今）	13.06%	56%
上证国债（2003年至今）	3.4%	2.6%
黄金（1920年至今）	4.23%	14.5%

资料来源：Wind，7分钟理财测算。

上表列举了截至2016年年底，各个资产类别的长期投资年化收益率（年化）和波动性（月线）。我们不难看出，从长期收益率上来看，以沪指为代表的A股要好于黄金，好于债市，当然波动性上也是A股高于黄金和债市。美股亦是如此。如果这会儿你对沪指年化13.06%的收益率有怀疑，心想我这几年也在市场里投资啊，我怎么没拿到这么好的收益率呢？那我要告诉你，其中一个很重要的原因，就是你投资的时间还不够长。（当然，还有其他的原因，我们会在后续的章节里继续为你拆解。）

只要你在市场里坚持长期投资，资产价格虽然在短期内有可能被低估，但随着市场有效性的助推，被严重低估的资产就会被其他投资者所发掘、买入，从而带来估值的上升。同理，被严重高估的资产也绝不会一路高歌一直暴涨，终究会在某个泡沫顶端发生转折，被资产持有者因获利了结而卖出，从而估值下降。虽然短期我们看到的是毫无规律的起起伏伏，但拉长投资期限之后，我们就会看到，所有资产价格的增幅，都会回归到一条均值，即表中所示的收益率上。因此，用历史的数据进行回溯测试，在制定长期投资策略的时候，是有其参考价值的。

至于为什么我们选择的是过去 5 年的数据，是因为在新兴市场中，通常 3 ~ 5 年会是一轮经济周期（发达市场的经济周期大概是 5 ~ 7 年）。在这样的一轮周期里，经济会出现繁荣和放缓，反映到股市，就可能会经历一波牛熊的转换。我们可以回顾一下从 2011 到 2016 的 5 年，其中 2011 到 2014 年，是偏熊市的，沪指从 3000 点跌到 2000 附近，疲弱震荡；而 2014 年到 2015 年中旬，就是一波牛市行情，一路上涨到了 5178 点；随后 2015 年年中开始再跌下来，到 2016 年年底的 3000 点附近。或者我们再往前追溯一个 5 年，2006 年到 2011 年期间，市场也曾出现过一波类似的先上涨、再下跌、然后反弹震荡的行情（见表 2-10）。如果接下来新兴市场依旧呈现这样的规律，大约每 5 年一轮行情，那么过去 5 年投资市场各类组合的收益率和波动率，对于我们判断未来的投资收益，以及可能面临的波动风险，就有很强的借鉴价值和指导意义。

表 2-10　1999 ~ 2015 年沪指阶段性行情的涨幅

时间段	点位	涨幅
1999 年 5 月~ 2001 年 6 月	1047—2245	114%
2005 年 6 月~ 2007 年 10 月	998—6124	513%
2008 年 11 月~ 2009 年 8 月	1664—3478	109%
2013 年 6 月~ 2015 年 6 月	1849—5178	180%

至此，你已经在大数据回溯测试的帮助下，找到了专属于自己的"最优解"，同时也理解了"最优解"的由来。接下来，就可以将具体的产品，放入到"最优解"中相应股权、债权、另类资产的比例中了。比如最简单的做法，你可以在股权的配置里，选择一些股票型基金；在债权的配置里，选择一些债券型基金或者银行固定收益类产品；在另类资产中选择黄金等相关的投资产品。那么，接下来我们就要面临一个新的问题了——市场上有那么多产品，究竟哪些适合放入相应的大类资产配置中呢？作为一名普通投资者，又应该如何挑选出好的产品，以获取更好的回报呢？下一章我们将会进行详细介绍。

第**10**天
总结

通过对股权、债权、商品等大类资产进行不同比例的赋权测试，并代入过去 5 年的市场数据，我们会找到在同等风险的情况下，获取收益最高的投资组合的比例是什么。而这些组合，由于对应着不同的风险等级，投资者就可以根据自身的风险承受能力，找到最适合自己的那个"最优解"。

03 CHAPTER
THREE

第三章

搞定理财
这件事

认识投资产品的"三性"

　　作为一名在个人理财业务第一线从业十余年的"老同志"，这些年我被问到最多的问题就是，"我想理财，你说该买点什么产品好啊？"而每次被问及，我都觉得自己愧对于这些年摸爬滚打的从业经验——一个听起来如此简单的问题，我竟然每每语塞，回答不出……

　　其实倒也不是答不出，只是有太多的东西要答，不知从哪句开始讲。

　　十几年前，当时对境内居民只提供外币业务的外资银行，顺应客户外币投资的需求，推出了几款美元理财产品，可谓开创了当年理财市场的先河。后来，各家银行为发展中间业务，相继推出了人民币理财产品，有固定收益类的、浮动收益类的，有结构性保本的、部分保本的。再到 2007 年出现的股市行情，沉寂多年、苦于投资无门的普通人，开始逐渐地了解并投资基金，而同一时期，资产量稍大的客户也开始逐步接触海外市场。随着金融市场的发展壮大，人们不再满足于在银行投资，一些信托类产品、保险公司推出的带有理财功效的保险产品、第三方财富管理公司推出的各类产品，逐渐丰富了理财产品线。最近几年，私募股权、定增产品、私募基金、专项基金、P2P、互联网金融更是让理财市场上百花齐放，放得人眼花缭乱、应接不暇。

要说目前市场上的各类理财产品，真的是只有你想不到，没有市场做不出。很多时候，我们这些从业多年的人都觉得，自己学习的速度，赶不上"创新产品"花样翻新的速度。我们帮助很多客户分析过他们买的投资产品，有人以为自己买了个银行理财，但其实他买的是个保险，5 年内提前取出需要承担本金损失；有人以为自己买了个保本保收益的高息产品，但其实是个 P2P 的资金池，发行方随时有跑路的风险；有人以为自己投的是新兴的另类资产，但发来的盈利模式说明书，怎么看怎么像是传销；有人以为自己参与的是只面向高端人士发行的私募基金，但其实是个以天使投资项目为主的项目基金，资金接下来将被锁住多年，既不能随时取出，最终收益也要看投资的一堆项目能否顺利获得收益……

那么，当下的各种理财产品到底应该怎么看呢？

从根本上来说，如果你只是单一地选择理财产品，那无非是从"收益性""流动性""安全性"这三性之中，做出最适合自己的取舍。

收益性，通常是投资者在选择产品时最为关注或者首先想到的。每个人都希望追求投资收益最大化，而这个理想是可以被理解，但无法真正实现的。如果某款产品声称收益很高，背后必然暗含着风险，在威胁着我们的投资本金。所以，投资的目标不应该是追求收益最大，而应该是追求我们想要的收益率。比如，你的投资理财的目标，是获得比定期存款稍微高一些的回报就满意了，那选择银行保本型的理财产品，就可以实现目标；如果你的目标是跑赢通货膨胀，获取预期年化 7% 左右的收益率，那么靠单一的保本产品是无法实现的。这时我们就需要思考，通过怎样的投资组合并加以管理，可以在控制风险的前提下，实现资产的不贬值。

说到安全性，投资者很容易陷入两种极端——要么是过分重视安全性而变得保守，使得自己资产的实际购买力日趋下降；要么就是完全无视风险，结果往往是血本无归。事实上，安全性往往有两个特征：一个是与收益性成反比，也就是我们常说的高收益的产品一般安全性较低，这个很好理解；另一个是与流动性成正比，意思是说，如果某款产品的流动性好，容易变现退出，那么相对风险就比较容易控制，也就是安全性更高；而与之相反的，如果投资产品本身流动性很差，那么安全性也会受限，也就多了一项我们常说的流动性风险。

流动性，是指投资之后是否容易变现或退出，也是投资三性中最容易被忽略的一点，而事实上，它对于能否真正"赚到钱"起着至关重要的作用。首先，它关系着收益性——任何投资的收益性，无论高低，都只有当收益真正兑现的时候才有意义，如果是没有兑现的收益，我们都只能称之为"浮盈"，或者说是"纸上富贵"。举个简单的例子，你一年前买了套投资性房产，在过去的一年里，市场价格上涨了 10%，你很开心，觉得自己投资眼光不错，一年获得了 10% 的年化回报。而事实上，给你带来开心的那 10%，算不上是你真实的收益，只有当你卖掉房产，真正拿回本金加 10% 的真金白银时，你的投资收益率才算被兑现。在现实中我们都知道，房产投资的流动性是相对较低的，如果你要真正兑现收益率，可能需要降价出售，而这时收益率就会大打折扣。另一方面，投资的流动性对于安全性也有着至关重要的作用，如果一款产品流动性较强，即便面临较高的市场风险，我们也可以通过关注市场并及时变现来对风险加以控制。

总的来说，"收益性""安全性""流动性"三者之间，我们往往只能选择其二，而不能同时拥有。比如你想要好的流动性，随时可以取出投资的资金来应付不时之需，那么，你可以选择以余额宝为代表的货币型基金，而不能再去计较怎么收益这么低。如果你想要既安全收益又高的产品，那么你就要想到，交换条件一定是较长期限的投资时间；换句话说，想要更高的收益，你就要耐住不能把资金随时"拿回来"的寂寞，也就是必须放弃"流动性"。大部分银行发行的固定收益类理财都是如此——有约定的投资期限，不允许提前赎回，或者提前赎回需要承担本金损失。而如果有一款产品，告诉你它既可以让你获取高收益，又可以随时供你取用，那么你就要小心了，可能这会儿你已经被锁定为"钱多、人傻"的目标客户了，一定要捂紧自己的钱袋子，别光被收益迷住了双眼，需提防你的本金是否安全。任何一款金融投资产品，都无法做到流动性、安全性、收益性三性合一，投资前需要了解产品的具体情况，才能做出合理的判断。

而各类理财产品，除了在"投资三性"上各有千秋之外，在投资门槛、交易便捷性、费用、信息透明度等方面，也是千差万别的。而评判的维度越多，越无法得出统一而绝对的标准答案，去回答"哪种理财产品更好"这个问题。也恰恰是因为每种产品都各有优势和短板，我们才更应该在投资之前，对其进行充分的了解，从而选择出更适合自己实际情况的产品组合。那句话怎么说来着？没有最好的伴侣，只有最适合的伴侣。选理财产品，也是如此。

那么，市场上有哪些适合普通投资者投资的产品，我们又应该从哪些维度去评判一个产品好还是不好呢？选好了产品之后，究竟是应该一次性买，还是分期分批买呢？买完了产品之后，又应该什么时候卖呢？赚钱的时候卖掉，落袋为安的道理我懂；可是亏钱的时候，到底是应该继续持有，还是"割肉"离场呢？一年下来，又怎么衡量我的理财做得好还是不好呢……

接下来的章节，我们就通过回答这些问题，和大家分享科学理财下手之前，你必须知道的"知识点"。

第**11**天
总结

在选择投资产品之前，我们需要了解投资产品的"三性"，即收益性、流动性、安全性。虽然我们希望有某款产品可以完美地集齐这三点，但事实上，任何产品都只能满足其中的两项，而无法实现三者的完美统一。在具体选择的过程中，我们需要结合自己的实际情况，在三者中做出取舍。记住，市场上不会有绝对完美的产品，只有相对更适合你的产品。

市场里面有什么

选择产品之前，我们先来看看个人投资理财的市场上都有些什么，请看图 3-1。

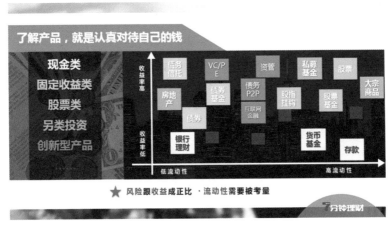

图 3-1 各类金融产品风险性／收益性／流动性之相关关系

上图是我们列举的个人投资者比较常见的投资品种，不同颜色代表不同的资产类别，包括现金类资产、债权类资产（固定收益类）、股权类资产、另类资产，以及目前市场上的一些创新型产品。我们将从投资门槛、收益与风险的相关性、流动性这几个方面，来跟大家依次讲讲。

可能有人这会儿要提出质疑——为什么上来就讲门槛？应该先讲收益呀！我们要赚钱呀，你先挑关键的讲嘛！

这个问题提得特别好！我就是因为知道你着急赚钱，所以才一定要先把投资门槛讲给你。就好比你揣着一兜儿钱想去市场买海鲜，龙虾是海鲜，皮皮虾是海鲜，虾皮儿，可能也算海鲜……大家都觉得龙虾好吃，但你兜里的钱不够的话，我把龙虾说得再好，对你来说也没有可操作性，最终在市场白逛一大圈儿，只能回家拿开水冲虾皮儿，扔把紫菜，姑且当个海鲜汤解解馋了。为了不让你空欢喜一场，我们还是得先耐住性子，把门槛了解一下。

银行固收类理财、P2P 和股票投资

在图 3-1 罗列的这些产品中,除了大家都在做的存款之外,门槛比较低的投资产品,就属公募基金了,比如股票基金、债券基金、货币基金这些。所谓公募基金,就是个人投资者把钱交给专业机构去打理,通常 100 元甚至更低就可以参与投资。

而互联网金融产品,比如 P2P,很多平台的起点都在 1000 元左右。

如果想要在 A 股市场参与股票投资,最少你得买一手,也就是 100 股。不同的股票,投资一手的门槛自然就不同,不过按照现在大盘 3000 点出头的市场行情,只要你手里有个 1 万元,大部分的股票投资你也都可以参与了。

门槛再高些的,是银行发行的各类固定收益或者保本型理财产品,一般投资金额是 5 万元。

再往上,是信托产品和私募股权类产品。由于面向特定的高净值人群发行,所以起投金额较高,一般是 100 万元以上。

说到这里,你就可以结合自己手中的可投资资金,看看上述哪类产品是目前可以作为备选投资品种的,做到先心中有数(见表 3-1)。

表 3-1 各类金融产品投资门槛及适应人群汇总

产品类型	参考起投金额	适合人群
活期 / 定期存款	1 元	普通投资者
公募基金	100 元	
互联网金融产品	1000 元	
股票	1 手(100 股)	
银行理财产品	5 万元	
信托类产品	100 万元	高净值投资者
私募类产品	100 万元 ~ 500 万元	

投资门槛了解清楚之后,接下来我们要进入各类产品的逐一介绍阶段,同时也看看它们各自的收益率和风险情况是怎样的。

银行固定收益类产品

我们先看看银行发行的固定收益类产品。这类产品的发行人一般是银行自己，门槛跨度比较大，从 1 万元到 100 万元不等，预期收益率会随着起点投资金额的增大而提高；投资期短则十几天，长则超过一年，期限越长的产品，预期收益率也会更高。由于是银行发行的产品，且大多提供到期本金保障，所以风险比较低，收益自然也比较有限。

通常，银行理财的分类可以简单分为保证收益型、保本浮动收益型和非保本浮动收益型。

保证收益型：合同约定保本保利，投资者会在产品到期日得到本金和基本按照预期收益率计算的投资收益；这些产品的风险级别一般是最低级 R1，投资领域是国债、金融债、央行票据、货币市场工具、较高信用等级的信用债等。这类理财产品的风险最低，适合风险承受能力较低、追求本金的安全和稳定收益的投资者购买。

保本浮动收益型：这类理财产品虽然保本，但不保收益。有些产品是按照预期收益率计算的可能得到的收益，但不保证真能达到预期收益率；有些产品是设定了一个预期收益率区间，这些产品的风险级别一般也较低，R1 或者 R2，投资领域一般是银行间信用级别较高、流动性较好的金融工具等。这类理财产品由于保证本金安全，所以风险也相对较低。不过要特别注意，在保本浮动收益型产品里面，有一种产品叫结构性理财，就是一些与股票、黄金、汇率等挂钩的理财产品，收益会随挂钩的投资标的浮动，有可能会到期没收益。所以投资的时候，一定要看明白合同。不懂可以找我们问问。

非保本浮动收益型：净值类理财就属于这种，这些理财产品是既不保证本金也不保证收益，一般各个银行都会有此种产品类型，其风险级别显著高于前两类。不同产品的风险级别也不同，投资领域一般是高信用级别的企业债、公司债、短期融资券、中期票据、货币市场工具等金融工具，不同产品其投资领域差别会比较大，具体在什么方向投资多少百分比，是否触及二级市场，一定要好好看产品说明中的资金用途！因为这类理财产品的差别是最大的，一般适合风险承受能力较高的投资者购买。

在这里我们也要给大家披露一个事实。很多投资者认为，只要是在银行买的产品，无论是什么类型，银行都要承担责任，其实不然。银行"出售"的金融产品，可不一定都是"真正的银行理财"。

目前投资者在银行可以买到的理财产品，基本有三种形式：第一种是刚刚举例的这类银行理财，它是由银行自身的信用作保证，属于银行自营的产品，银行对其最终的本金和收益偿付确实负有责任；还有一种是银行代销的理财产品，是指商业银行通过营业网点或网上银行等渠道，向客户销售合作机构的相关投资产品，包括基金产品、保险产品、信托产品、贵金属投资产品，等等。这类的金融产品的代销行为，属于银行中间业务的一种，银行只是为客户提供购买渠道而已。只要银行在销售过程中尽到了风险提示的义务，同时确保销售流程是合规的，那么产品最终盈亏的投资风险并不由银行负责，需要客户自行承担。

除了以上两种正常形式之外，还有一种"编外"形式，就是违反规定的"飞单"了。飞单是指，一些业务人员利用投资者对银行的高度信任感，绕过银行监管，私自向投资者出售非银行发行或代销的产品。由于这种销售行为并非通过银行正规流程进行，银行也不会为此盖章证明，购买行为本身跟银行一点关系都没有，所以一旦出了问题，银行也不会承担相关责任。

那么，如何知道自己在银行购买的是不是银行自营的理财产品呢？有以下几个要点供大家参考：

首先，可以查产品说明书中的产品登记编码。在银行发行的理财产品的说明书中，都会有一个以大写字母"C"开头的 14 位产品登记编码，如表 3-2 所示。

表 3-2 理财产品说明书示例

理财产品说明书

理财非存款、产品有风险、投资须谨慎

第三条 产品基本要素

产品名称	聚 富（1503 期 4）309 天人民币理财产品（北京）	产品期次	1503 期 4
销售区域	北京	产品类型	组合投资类
理财产品代码	ZC108691514285	产品登记编号	C1086915000257
行内销售码	A40512	投资起点金额	10 万元，以 1 万元的整数倍递增

将这个产品登记编码输入中国理财网（http://www.chinawealth.com.cn/zzlc/index.shtml）的搜索框内查询，就能查到对应的产品。如果查不到，那就不是真正的银行自营理财产品。

其次，投资者也可以多观察一下产品的收益率和投向。一般来说，飞单类产品的收益可以达到银行自营理财产品的两到三倍，而收益和风险是相伴相生的，如果一个产品的收益率高出正常水平，我们就要多思考一下了！

早几年的时候，固定收益类的银行理财产品非常受投资者，尤其是相对保守的投资者的欢迎。一些不愿意承担本金亏损的中老年客户，将手中的闲置资金拿出来，在各家银行之间奔波比较，希望寻找到更高收益的产品，常常为了多百分之零点几的收益，而将资金在几家银行之间频繁流转。而最近几年，互联网金融产品大规模的出现，使得新一代的投资者拿出手机动动手指，就能比较出哪家收益更高，成为移动时代的投资新宠。其中以P2P为代表的互联网金融产品，曾一度被保守的投资者认为是"低风险、高收益"的代名词而追捧，但其实他们并不知道，自己因为并不清楚资金的去向，而承担着看不见的风险。

P2P

P2P，是英文peer to peer，即点对点的网络借款。互联网公司利用自己的平台，把需要用钱的人和兜里有闲钱的人对接起来，让他们各取所需，自己则从中赚取利息差作为利润。投资者可以选择1个月、3个月甚至更长的投资期限，将资金划拨至平台的投资账户，到期后取回自己的本金和收益。这种投资看似简单，逻辑也无非就是个人与个人之间的借贷，但投资人的资金能否在到期时顺利拿回来，取决于借款人是否能够如约履行还款的义务。换句话说，早年这种借贷关系的建立，是由银行来审核借款人的资质，从而判断是否应该放款给他的；而现如今，互联网金融平台拿到相应的牌照，也可以发展类似的业务。那么，投资在P2P产品上的资金，是否真的能像我们投资时以为的那样"低风险、高收益"，到期顺利回到我们手中呢？为了尽可能保证我们"借出的钱"是安全的，在投资P2P时，一定要有原则地挑选可靠的平台。

首先，我们建议大家尽量选择有银行存管的平台。目前 P2P 平台的资金存管，大致可以归为三类：没存管的平台、第三方支付公司存管的平台以及有银行存管的平台。虽然银行没有义务对 P2P 平台上的项目真实性进行有效核实，也无法防范平台通过发布虚假标的等手段，挪用资金或违规使用资金，但即使是"表面一致性的形式审核"，也会增加 P2P 挪用资金或违规使用资金的成本和复杂性。所以，选择有银行存管的平台，还是具有一定的安全保障作用的。

其次，可以选择有风投系背景的股东的平台。因为风险投资机构都会派遣专业人员对平台的财务、业务、公司治理等方面进行充分的尽职调查，同时还会有投后管理，这些措施，对促进平台的合规、风控都有很大帮助。

最后，在资金投向上，优先选择个人借款，其小额、分散，相对更稳妥一些，某些单笔额度高达几千万的标的，建议不要碰为好。一般来说，收益率不超过 10%，项目期限在 3 ~ 6 个月之间的标的相对而言风险较低。

总之，在考虑 P2P 产品进行投资时，我们的大原则是先挑选平台，再挑选产品。风控能力强的平台，坏账能得到有效控制，投资风险就相对小一些。但这个行业近几年发展很快，各家平台表现也不一，跑路率更是从 2015 年起呈逐年上升的态势，甚至有很多当年看起来背景雄厚、屡获殊荣的"大品牌"相继跑路，使得投资者上百亿的资金无处追讨。虽然国家随后也有很多相关政策出台，对行业监管提高了要求，但我们依然提醒投资者，P2P 平台上的投资标的，无论名字多么花哨，什么"稳盈""稳赚"，说白了就是一笔贷款，是把你的钱借给了别人，对方还不上钱这种情况也是会存在的，并没有绝对安全的贷款项目。所以，对于 P2P 产品，不能只把眼光盯住收益率的数值，还是要考虑其中的风险，不要把全部资金都投在此类产品上。

相比较银行理财，P2P 的风险高出很多，主要风险集中在到期无法兑付的风险上。对于很多想要体验赚钱快感的人，一般更愿意自己动手"创造"收益，比如，去炒股。

股票

股票投资确实"酸爽"，它不仅流动性比固定收益类投资要好（也就是可以相对自如地买卖），同时参与方式也很简单——在证券公司开个账户，就可以直接下单入场了。当然，未来行情的不确定性所带来的刺激，也让人体会到了与众不同的投资快感。不过，在中国的 A 股市场上，80% 的投资者都是缺乏投资经验的散户，非常容易犯一些追涨杀跌的集体错误，导致最终每个人的赚钱效应都不明显。有数据显示，在股票市场中挣钱的只占 10%，亏钱的占 60%，没赚也没亏的占 30%。也就是说，超过半数的股民，不仅没有体会到赚钱的乐趣，还搭了不少钱才换来了些许称不上是快感的体验。

事实上，如果想靠自己的力量在股市里真正获利，可不是点点手指买入卖出那么简单的。它不仅需要专业知识，更需要大量的时间投入——要研究各种经济数据、量化指标，紧跟各类政策消息、市场动向，对所投资公司的盈利模式和未来发展，更要有清晰的分析和判断；同时，还要揣摩市场情绪，以形成正确的投资决策。我们曾做过一首打油诗，调侃那些专业炒股的朋友——锄禾日当午，炒股真辛苦。对着 K 线图，一看一上午。虽然专业炒家确实有可能因为抓住某个机遇，而短期收益丰厚，但其实我们心里都知道，他们在炒股中所需要付出的辛苦，又岂是我们这些每天早九晚六的普通投资者能够做到的？！

那有没有跟股票投资方向趋同（也就是让我们的收益会提高一些），但又不用怎么操心的产品呢？

有呀，基金呀！

第**12**天 总结

不同的投资产品，有不同的投资门槛。投资者不仅需要权衡自己兜里的可投资资金是否"买得起"某一类产品，同时也要注意，即使你"买得起"，也不要由于过分追求收益，而将资金孤注一掷地押在某一款产品上。在科学理财的过程中，"资产集中度"也是一个非常重要的衡量指标，即投资任何单一产品的金额，占你可投资金额总量的百分比，最好不要超过 15%，以避免投资过于集中所带来的风险。

公募基金、私募基金、商品投资、信托

公募基金

基金跟股票相比，由于有正规基金公司的专业基金经理，将散户的资金集合起来，进行有组织、有纪律的投资，不仅分散了单一投资个股的风险，收益也在专业人士的操盘下变得可观了很多。如果说股票市场是一群投资者在互相博弈的市场，那么散户自己在其中厮杀，就是一个人与一群人的战斗，而通过基金投资，则变成了有一个厉害的高手替你出头，去跟这一群人去战斗。

当然，基金也分很多类型，根据投向来划分，有股票型、债券型、混合型、货币型。不同类型的基金，其风险和收益也不一样。风险排序由低到高依次是货币型＜债券型＜混合型＜股票型。其中，货币基金主要投资于短期货币工具（一般期限在一年以内，平均期限 120 天），通常被看作为现金等价物；而股票基金，顾名思义，是指主要投资于股票的基金，随着 2015 年 8 月 8 日股票型基金仓位新规的生效，股票型基金的股票仓位不能低于 80%，因此在各类基金中是风险最高的。我们可以在了解自己的风险承受能力之后，将不同类型的基金，按照"最优解"的比例，放入股权／债权／另类资产当中，同时定期回顾产品表现和配置比例的变动情况，进行适时调整。当然，也可加入定投的方式来降低一次性投资的风险，增强长期收益。至于定投的好处，我们会在后面单独展开来讲。

上面提到的这些基金，都属于公募基金。国家对公募基金的监管要求比较严格，使得其信息披露更全面，令投资者易于查询和获取，做出相应的投资判断。同时，公募基金的投资策略大多简单易懂，流动性也比较强，可以较为便捷地买入卖出，更加适合普通投资者参与。

让我们先来看公募基金和股票的对比，可以更好地了解公募基金。

据网易财经的报告，2016 年 A 股股民人均浮亏 4.7 万元。（计算依据，根据沪深交易所数据，2016 年 A 股市值共计蒸发 2.32 万亿元。中国证券登记结算公司的数据显示，截至 2016 年 12 月 23 日，持有 A 股的投资者数量为 4951.35 万。用"蒸发的市

值"除"投资者数量",得 -4.7 万元)。而《新京报》援引数据称,2015 年牛市环境下股民平均盈利超 2 万元。

头一年赚 2 万,次年亏 4 万,算起来经历了一场牛市,大部分股民还是亏钱了。换句话说,A 股股民在股市的大幅波动中,想盈利是比较难的。

大家可能印象很深的就是 2015 年市场先大涨,下半年开始大跌,很多股民,这一年下来,都把提前赚到的赔进去了。

看看有专业管理人的基金,2015 年,股票型基金平均回报(去掉最高、最低的 5 个)17.85%,混合型基金平均回报 44.01%。

看看基金,可能会有意想不到的效果。我们测算了 2017 年的股票和基金表现对比。2017 年全年,沪指涨 6.56%,上证 50 涨 25.08%,沪深 300 涨 21.78%,而创业板跌 10.67%。统计沪深两市股票涨跌,平均下跌超过 13%,其中创业板股票平均跌幅达 -23%,两市仅有约 1/4 个股上涨(见表 3-3)。

表 3-3　2017 年个股表现对比

板块	个数	上涨数量	上涨比例	下跌比例	平均收益率
沪市	1174	311	26.49%	73.51%	-11.19%
深市除中小创外其他	464	120	25.86%	74.14%	-12.64%
中小板	822	190	23.11%	76.89%	-13.86%
创业板	569	83	14.59%	85.41%	-23.49%
总计	3029	704	23.24%	76.76%	-13.88%

注:上述统计剔除了 2017 年新上市个股,平均收益率为算术平均值,板块中最高、最低的 5 只收益不计入。

资料来源:Wind,7 分钟理财测算。

同期,相比 A 股 76% 的个股下跌,公募基金表现亮眼,而公募的偏股基金,超 80% 的基金收益为正(见表 3-4)。

表3-4　2017年偏股型基金表现对比

板块	个数	上涨数量	上涨比例	下跌比例	平均收益率
混合型基金	2052	1807	88.06%	11.94%	10.88%
股票型基金	941	763	81.08%	18.92%	11.68%

注：上述统计剔除了2017年上市新成立基金，平均收益率为算术平均值，板块中最高、最低的5只收益不计入。

资料来源：Wind，7分钟理财测算。

不管是上涨数量，还是平均收益率，基金整体表现都好于股票本身。也印证了一个道理，基金是由机构进行投资管理的，对于行业研究和个股选择以及仓位管理，相对个人投资股市来讲更科学。

私募基金

除了公募基金之外，市场上还有很多私募基金产品，它面向特定投资群体发行，有一定的门槛。相对来说，私募基金一般规模较小；不能随时申购赎回，所以流动性比较低；基金经理管理起来相对灵活，但投资策略也更复杂（比如会用到对冲、杠杆、衍生品等），风险较公募基金更高。因此，私募基金仅适合一小部分特定人群。另外，在认购前，需要确认投资者有相关的投资经验或市场认知，能够承受投资风险；投资者也必须是满足相应资产量要求的高净值客户，以避免普通客户盲目追求收益而将资金全部"押注"在此类高风险产品上。

目前市场上比较常见的是私募股权投资基金（PE/VC），它是将募集到的资金投资于非上市股权，或者上市公司非公开交易股权。一般来讲，这类私募基金的预期收益会比公募基金高一些，但由于资金的最终投向多为初创型公司，基金投资期较其他类型的私募基金更长，甚至有投资期达到十年以上的，因此投资之前一定要充分考虑到资金的流动性。

大多数时候，私募基金除了门槛较高之外，相比于公募基金，投资者对自己投资的项目是否真正具备价值，以及后续的资金回报管理等信息，获取的渠道非常有限。我们看过很多私募类产品说明，其结构之复杂、信息之庞杂，即便对于专业人士来说，都难以客观评估其风险。投资者在购买这类产品之前，最好找专业人士询问下意见后再做决策，毕竟也是一笔不小的投资金额。而且一般私募类产品为了获取更高回报，流动性都很有限，不能随时赎回，考虑到未来会有笔大额资金被占用，还是谨慎为好。

商品投资

商品类投资，标的包括黄金、原油、农产品等。它们一般价格波动比较大，相对风险较高；另一方面，正因为其价格波动比较大，很多人在参与商品投资的时候，还加入了杠杆机制，以期获取更多回报，但同时也扩大了风险。举个简单的例子，比如你有10 万元的投资本金，那么选择利用 10 倍的杠杆，就可以控制 100 万的资金。如果你所投资的商品价格上涨 10%，就是 100 万涨了 10%，你就赚了 10 万元，但因为本金也只有 10 万，所以价格 10% 的上涨，在加入杠杆后带给你的回报率就是 100%。可是如果这 100 万的资产，价格下跌 10% 呢？也就是亏了 10 万，相当于你的本金就消失了，你将被要求强制离场，不能再玩儿了。所以，如此高风险的投资形式，我们并不建议没有经验的普通投资者直接参与其中。

不过黄金作为商品类资产中的一员，通常可以在市场出现风险的时候，展现较好的避险特性。我们会将其按照适当比例纳入资产配置的组合中，以降低整体资产的波动性。投资黄金时，通常，实物黄金、纸黄金、黄金 ETF、黄金 T+D、黄金期货等都是有效的投资方式，但是适合的人群大不相同，投资方式、风险和门槛也都不一样。那么，究竟是投实物黄金、买纸黄金好，还是通过其他方式投资更好呢？我们会在后文中做更详细的介绍。

信托

最后，我们再来说说信托。

很多人过去都觉得信托是保本保收益、"刚性兑付"的投资产品，所以即便有 100 万的门槛，对于一些对投资懒得操心、只想坐等收益的高净值客户来说，也是看起来性价比非常高的选择。而事实上，所谓的保本保收益、刚性兑付，都是投资者一厢情愿的认知误区，我们国家的信托法里有明确规定，在信托产品的合同中，不允许出现保本字样，自然就更不会有保收益这一说了。

信托，从字面上简单理解，就是"信用托付"。意思是委托人，将自己的资金，基于对受托人的信用，转交给受托人进行打理，以获取未来收益的一种资产管理形式。中国市场上发行最多的信托，是集合资金的自益性信托，主要的运作模式是项目对接，比如某项目方缺钱，那么就用信用担保的形式发行产品，在市场上募集资金。项目结束后，项目方按照合同约定的预期收益，支付本金和回报给投资者。

先和大家明确下对信托公司判断的一些基本标准：①看公司是否陷入过兑付危机，如果能及时顺利解决兑付是最好的，因为遇到问题不怕，能解决问题就行，如果深陷兑

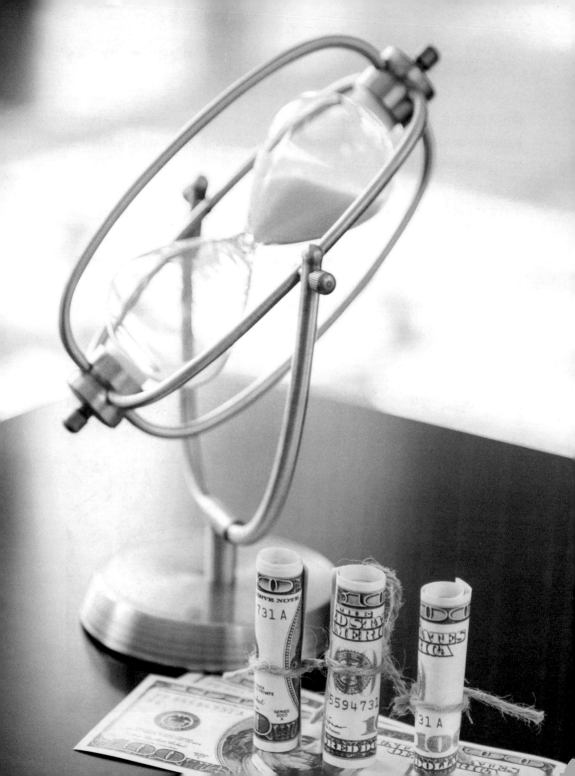

付危机的信托公司，我觉得就不考虑从该公司买产品了；②看总管理规模，规模越大，实力越强劲；③看主动管理融资类的产品规模，这个涉及信托产品的分类——信托可以分为主动管理类和被动管理类，主动管理才考验信托公司的管理能力，且对信托公司而言，主动管理类的信托报酬更高。而主动管理类通常又包括证券类和融资类等，证券类就是买股票或债券等标准产品，融资类就是发放项目贷款。主动管理融资类规模越大的信托公司，一般管理能力越强，如同一个医生看的病人多了就更可能成为专家。朋友们可能还经常见到单一信托和集合信托，这种分类是从投资者是一个还是多个的角度看，通常单一信托基本都是非主动管理的，而集合信托基本都是主动管理的。④还要看一家信托公司的股东，比如一些资本大鳄控制的信托，就有一定的特殊风险。

目前市场上信托产品的个体差异非常大，想要真正摸透风险，需要仔细研读合同中的每条约定，尤其是资金去向是否明确。那具体应该怎么看呢？可以参考以下五点：

1. 是否有实物抵押。指易变现、相对保值的抵押品，比如房产、土地。

2. 是否有投资级信用评级的企业担保，比如某优质上市公司提供担保。很多人觉得有上市公司担保，比涨跌不定的房产更稳定，但其实未必。一旦兑付风险发生，需要处置资产的时候，你想想，是卖房容易呢，还是找担保企业要钱容易呢？当然还是卖房容易。所以相对企业担保，我们还是优先选择实物抵押。

3. 是否有流动资产的抵押或者质押。

4. 是否存在过桥类资金抵押，比如企业应收账款等。

5. 是否是纯信用贷款。此种类型风险最高，因为没有抵押品，在风险发生的时候，是最容易被放弃的。

以上五种资金去向，其所带来的产品风险度是逐级递增的。

信托资金一来一往看似简单，但事实上，包装在信托合同下的产品早就远不止这么简单了。近两年，信托产品延期兑付已经屡屡发生，其风险性也被越来越多的投资者所了解，但产品是否真正具备投资价值，没有一定的专业知识储备，普通投资者是很难清晰识别出风险等级的。如果您有投资此类产品的打算，建议还是找专业人士咨询。

投资品种分析维度

说了这么多，我们再从投资门槛、流动性、风险与收益这几个方面，把刚才提到的产品帮大家捋一捋（见图 3-2）。

图 3-2　投资品种分析维度

我们都知道，收益和风险是成正比的，你想要高收益，背后一定存在或者暗含着高风险。所以只要从收益上排个序，风险上的顺序自然也就出来了。从收益上来看，银行固定收益类产品＜基金投资＜股票投资＜商品期货投资。在这一序列里，我们把互联网金融类产品、信托产品和私募股权类产品拿了出来，是因为上述每类产品，风险到底是高还是低，要具体产品具体分析，没有办法简单地排序。

接下来，我们看看流动性方面。银行存款、基金、股票，是流动性相对比较好的；其次是短期互联网金融 P2P 类产品和银行固定收益类理财产品；信托、私募股权类产品，都是为期 1 ~ 5 年甚至更长的，投资之前一定要思虑清楚：自己要投资的这笔钱，到底多久不用，以免因为忽略了流动性风险，而导致紧急用钱的时候无法取出，或被迫提前赎回而承担不必要的本金损失。

说了这么多，我们也只是给大家介绍了几类有代表性的、常见的投资产品。虽然看起来简单，但在实际操作中，我们却发现投资者买的产品，和以为自己买的，完全不一样。没错，理财就是一种进入门槛低，但要达到专业水平却又很难的学问，遇到自己有不懂的产品，投资之前还是找专业人士看一看比较稳妥。在此也再次提醒大家，不管你觉得有多适合，单一产品的投资额度，都不要超过你可投资资产的 10% ~ 15%。同时也不要忘了，做好后续的跟踪管理。

接下来，我们将从常见投资产品中，选取几类易于普通投资者挑选、操作和管理，同时能够搭配资产配置理念，帮助我们提升整体收益率的产品，为大家深度剖析投资理财的实操大法。

在比较了几大类产品的投资门槛、风险与收益之间的相关性、资产流动性之后，我们可以发现，公募基金是当前市场上投资门槛较低，适合普通大众投资，又可以满足间接投资股权、债权、商品、货币等多种大类资产，同时能够实现在某类资产中分散投资的上佳选择。通过科学的基金投资，能够搭建出一个可操作性较强的资产配置方案。

基金赢家手册

　　基金，作为大众理财的一种方式，相信大家并不陌生，很多人都参与过或正在投资。可是，不少人对基金都有些误解，比如：

> 买基金干啥，一天天看它涨跌才百分之零点几，啥时候能赚到钱？

> 基金这玩意儿风险太大，我买过，都亏了，后来割肉卖了，以后再也不玩儿了。

> 风险大么？我买的余额宝好像也是啥基金，倒没亏过，不过就是收益太低，我看投起来也没啥意思。

> 我特意挑的之前收益最高的基金买的，结果自从我买了之后，它就开始跌，还不如指数走得好，太坑了。

> 基金手续费太贵，上来一分钱没赚呢，先收了我1%，交易成本太高。

怎么样？是不是你也有过类似的抱怨？

其实，你没赚到钱，错并不在基金，而在于你对它并不完全了解。从上面列举的投资者几大常见误区中，我们就可以发现，其实很多人对究竟为什么要买基金，基金分哪些种类，各类基金有什么不同，怎么挑选好的基金，在哪里买更便宜，买完之后如何管理等诸多问题，并没有明确的答案，也就无法从投资中赚得收益。接下来我们就把这些过去没有搞清楚的问题逐一捋清楚，为基金正名，当然也为了接下来能够通过基金投资，科学稳健地赚到钱。

为什么我们必须投基金

你想过这个问题么？不要仅仅回答为了赚钱。你所有的投资决策当然都是为了赚钱，可你知道，基金是如何帮你赚到钱的么？

我先来给大家找一个生活中的例子，解释一下这个问题。

很多人都是坐公交车上下班的，设想一下，同样是从家到公司，大概 10 公里的距离，你为什么选择公交车，而没有选择自己开车、打车、坐"黑摩的"等其他方式呢？公交车的哪些特性，在某一时刻，成为你出行"性价比"最高的选择呢？

第一，有专人开车，省事儿

自己开车精神要高度集中，坐公交车就不一样了。你可以在上了车之后，看手机、睡觉、发呆、跟同伴聊天、化妆、吃韭菜盒子（这个我们不提倡）……基金也是如此。你不必从每天上午 9 点半到下午 3 点一直盯盘，因为你已经花了钱，雇了个基金经理帮你开车了。

作为一个"老司机"，他不仅驾照跟你不是一个等级，而且驾龄比你长，技术比你好，这条路他跑了 15 年，哪里有坑，他都门儿清。让专业的人做专业的事儿，请个专家为你操盘，你就可以省下时间去做你专业的事儿。有句话怎么说的来着？要将生命"浪费"在美好的事物上，投资这么烧脑的事儿，自然是丢给别人去做更省事儿。

第二，费用便宜

自己开车，烧油、停车都很贵，万一剐蹭到老人家，那就更贵了；打车也不便宜，万一遇上交通拥堵，坐在车里眼看着计价器的红字不断往上蹦，真是肉疼。公交车虽然雇用的是"老司机"，但价格却很亲民。由于是大家一起乘坐，分摊了路程中产生的成本，所以每个人只要几块钱就够了。基金也是如此。

大部分基金只需要"上车刷卡"，也就是在买入的时候出一笔手续费，持有超过一定时间，卖出时不再收取费用。相比自己炒股操心不说，每次倒来倒去地买卖股票，都要不断付出手续费的成本，而基金作为机构投资，"组团调仓"的成本要比个人操作便宜得多。况且，你如果想自己动手参与投资，去复制某只基金投资的收益，就要把其持有的每只股票都至少买一手，也就是 100 股，全买齐，则需要很大的资金成本，而投资基金的门槛却低了很多。同时，和部分城市办理公交一卡通会享受优惠类似，通过某些第三方的网站平台投资基金，在活动期最高可以享受到手续费 1 折的优惠，相比在金融机构购买，成本上要划算很多。

第三，线路明确

公交站点都会有明确的路线牌，告诉你从此经过的数辆公交车中，哪一辆可以到达你要去的目的地。基金也是如此。

基金有明确且公开的投资方向，会披露给投资者，比如这是一只主动管理型的基金还是被动型的指数基金，它是股票型还是债券型，是投在科技领域还是能源领域。如果你是一个对资产配置有些许了解的投资者，你会很容易地筛选出与你的配置需求同向的基金。就像你要去公司，你一定会坐途经那里的公交车，而不会随便来了一辆，一看这车人少，你就跳上去。

所以，选择基金之前，你要知道自己要什么——是要选择股权类的增强收益，还是债权类的获取稳定回报，还是商品类的适当规避风险，又或者你也不知道具体想要什么，只是想简单地追踪大盘的走势，获得与之同等的回报。不同的需求，要选择的基金也不同，所以下手之前，一定要先明确自己的投资目标。要知道，有时候我们走了弯路，并不是公交车的错，而是你上错了车。

第四，有公交专用道

每当早晚高峰我们自己开车被堵在路上，恨不得长个翅膀飞过去的时候，身边那条嗖嗖过车的公交专用道就让人分外眼红。基金也是如此。

它作为机构投资者，可以在资本市场上选择很多我们这些普通投资者不能投、投不起、甚至都不知道的东西。同时，基金公司及专业的基金经理获取信息的渠道，相比我们从隔壁老王那里听来的"消息"，也要靠谱得多。相比自己投资的"吭哧吭哧"，还是让基金在公交专用道上带我们赚钱、带我们飞，更省时高效。

第五，随时上下

有人说，爱情就像公交车，只要你肯等，它就一定会来。确实，公交车的发车时间和间隔是由公交公司统一调配的，除非遇到特殊路况，否则不会偏差太多。雨天的时候可能你在路边站成雕塑也打不到车，黑摩的这会儿更是不知跑到哪里去了，但是公交车不会抛弃你。基金也是如此。

相比于银行理财、信托产品、私募基金、P2P 这些有固定投资期限的产品，开放式基金则在流动性上有很大的优势。它可供投资人随时买卖，每个交易日截止时间前，都可以以当天的收盘价格直接上车。买入时间过点儿了也不怕，错过了这班，还有下一班，以第二天的价格买入就好了。下车，也是一样。

随时上下，为投资者提供了充足的流动性，也从侧面上更易于控制风险。有时候你发现眼前道路交通红色饱和，想换个路线避开拥堵，就像在投资的过程中，你发现近期市场波动巨大，想把资金从高风险的股票型基金转入低风险的债券型基金来避避风头，基金公司也提供同公司名下不同基金之间免费转换的优惠，让你零成本地做到风险规避。

第六，隶属正规公交公司

这一点，是相对于"黑摩的"而言的。有时候，摩的司机的心中有一条我们看不见的"专用道"，也可以全速前进风驰电掣。虽然我们心里很想要，但身体还是很诚实地抓紧了座椅，担心一不留神被甩飞出去。坐公交车再怎么摇晃我们也不太担心，因为会有公交公司对乘客的人身安全负责。基金也是如此。

基金运营有托管银行，投资人不必担心基金公司像某些 P2P 一样卷着钱跑了，因为资金根本不在基金公司自家的账户上。即使哪天基金经理人没了，你的钱，也还是在的。

说了这么多坐公交的好处，我们还是要明确最重要的一点——要去目的地的人，是你自己，所以我们必须把握主动，不能上了车就什么都不管了，万一睡过站了可就麻烦了。所以，要随时看看车开到哪了，路况堵不堵，就像买了基金之后定期地关注市场，回顾基金的业绩，这都是非常必要的。如果路上太堵，换个路线甚至果断下车，选择步行或者换地铁，也未尝不是明智的选择。

总体来说，在投资理财的道路上，如果你既不想花太多的钱，也不想付出太多的时间，那么，基金就是你非常明智的"懒人之选"。

买基金，必须知道这几类

如果你没接触过基金，让我们先从名词解释开始。

比如怎么理解基金的份额、基金的净值，怎么看自己的盈亏，还有红利再投资与现金分红的选择，等等（见图3-3）。

图3-3 基金份额与净值示例

首先，我们举个例子。如果我们是卖苹果的，看手中的苹果值多少钱，那一定是用苹果数量乘以单个苹果的价格，对吧？基金份额，就相当于苹果的个数，是基金的计量单位，一般来说，所持有的基金的市值 = 持有的份额 × 最新的净值。如图 3-3 所示，现阶段这位投资者持有的该基金份额就是 6801.08 份，乘以该基金最新净值 1.534，得到的结果就是持有的金额 10 432.86（保留两位小数）。

那么净值是什么概念呢？基金的净值一般是指单位净值，基金的单位净值是指当前的基金总净资产除以基金总份额的数字；简单说，就是每一份额值多少钱。还有一个词叫累计净值，是指基金的最新单位净值与成立以来的分红业绩之和，就是基金从成立以来所取得的累计收益，我们常常用累计净值来观察基金在运作期间的历史表现。但是这个累计收益指的是整个基金的累计收益，和你看到的个人的累计收益不同，看到上图的累计收益 2229.8 元了吗？那是个人在购买这只基金后赚的钱。

如果我们可以看到净值在一段时间内的波动（如图 3-4），你就能够算出基金的收益。如图 3-4 中的基金，两年以来的净值走势中显示，到 2018 年 1 月 23 日，两年以来它的净值涨了 60% 左右。

图 3-4 根据基金净值计算收益

最后我们说一下分红的方法。当我们申购基金时，总会跳出类似图 3-5 的一个选项，现金分红还是分红再投资呢？现金分红指的是直接给你现金，打到银行账户里；红利再投资指的是把分红作为本金，再次进行投资。虽然现金分红看着更加诱人，但是，红利再投资是一种复利增值，收益着眼于未来；相比之下，现金分红就是单利增值，收益是确定了的。顺便说一句，红利再投资是免申购费的。

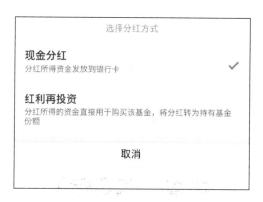

图 3-5　基金的分红形式

知道了以上内容后，我们还得知道，市场上都有什么类型的基金。

如果从基金运作过程中能否随时申购或者赎回来看，可分为开放式基金和封闭式基金。开放式基金，投资者可以通过基金公司、券商、银行等机构进行交易，在买入之后，也可以在交易时间内，随时申请赎回或者追加申购；而封闭式基金有固定的存续期，在基金设立初期，就限定了基金单位的发行总额，筹足总额后，基金即宣告成立，并进行封闭，在一定时期内不再接受新的投资。投资者日后买卖基金，都需要像买卖股票那样，在二级市场上进行竞价交易。从资金流动性上考虑，开放式基金更易于买卖操作，从而备受普通投资者的青睐。

如果按照投资标的的类别来划分的话，基金还可以分为股票型、混合型、指数型、债券型、货币基金等。相信从字面上你也看得出它们的区别。从风险自低向高，依次是货币基金＜债券基金＜混合型基金＜股票基金，当然，获取高收益的可能性也依次提升。

　　如果我们要比较哪个具体的基金产品更好，一定得是在具体划分了范围之后（见表3-5），再在同类基金之中进行比较，而不能拿某股票型基金的收益，去和债券型或者货币型的去比，然后说怎么亏了这么多，再也不投了……

表3-5　不同类型基金的收益率、波动率比较

基金类型	收益率（过去 5 年）	波动率（过去 5 年）
货币型	3.72%	0.18%
债券型	5.82%	3.49%
偏股混合型	14.39%	23.40%
股票型	17.07%	25.16%

注：选择各类基金指数，并回测其 2013 年 1 月 1 日至 2017 年 12 月 31 日年化收益率和波动率。

资料来源：Wind，7 分钟理财测算。

对于货币型基金，最具代表性的就是以余额宝为首的各种"宝宝类"产品了。由于其资金投向仅限于国债、央行票据、银行定期存单等风险极低的资产，所以基本上可以视为一种与存款类似的现金管理工具。虽然理论上也存在亏损的可能，但现实中并没有发生过。由于货币型基金的收益一般情况下比银行存款利息略高，又有很好的流动性，可以随时取用，所以我们可以把暂时不用的闲钱，放到货币型基金里，多赚一毛是一毛。产品之间收益性方面差别不大，你只要选择一个可靠的平台进行购买即可，不需要耗神地挑选哪个更好。

而指数型基金，是按照某种指数构成的标准，购买该指数包含的全部或者大部分证券，其目的就在于达到与该指数同样的收益水平，实现与市场同步成长。由于其采用被动式投资，所以收益情况取决于你选取了哪个指数进行"复制"，互相比较的意义也不是很大。

在所有开放式基金里，需要仔细选择的，一般是股票型或者混合型基金，当然，债券型基金投资起来也有些门道，接下来的章节，我们重点讲讲它们应该怎么挑。

第14天总结

选择通过基金投资，相较于个人投资者自己在市场上选择投资标的，既有基金经理负责投资决策，实现专业度更高、更具纪律性的投资策略，同时具有交易手续费低廉、投资信息透明、流动性强、资金管理规范等优势。或许你过去也投资过基金，但是并没有赚到钱，可那不是基金本身的错，是你没有用科学的方法去选择及管理基金。从今天起，你应该重新认识它了。

只靠排名选基金，靠谱吗

基金难有常胜将军

说到如何挑选股票型或者混合型基金，相信很多人都会一拍大腿："这个我会呀！"不就是打开 ×× 基金网，选股票型，然后打开最近一年收益率排名，选择从高到低排序，点击确定，找到排名第一位的——好，就你了！这有什么好讲的……

唉，怎么说呢……少年，你还是太年轻啊！老是这么毛毛躁躁的，啥时候能赚到钱？！

为什么不能单纯按照近期收益率排名来筛选基金呢？我们曾经做过大数据测算——选取了 2005 年至 2016 年共 11 年的时间里，所有的股票型、混合型基金，进行数据轮动测试，看每年表现最强的前 10% 的基金，在之后的表现如何。结果让我们大跌眼镜！

我们先来看下它们在第二年的表现（见表 3-6）。

表 3-6　每年表现最强的前 10% 基金，在随后一年的业绩表现

基金类型	第二年仍在同类前 10% 的基金占比	第二年仍在同类前 50% 的基金占比
混合型	13.47%	53.28%
偏股混合型	17.35%	54.24%
灵活配置型	11.43%	51.78%
股票型	4.44%	29.57%

资料来源：Wind，7 分钟理财测算。

而更令人咂舌的是，上一年度前 10% 的上述基金，甚至有近一半，在第二年，连同类的平均值都无法超越。

在取得了上一年度前 10% 的优秀业绩之后，无论是所有的混合型基金，还是其中的偏股型基金，又或者是投资策略相对自由的灵活配置型基金，在第二年，依旧可以保持住同类排名前 10% 成绩的基金比例，分别是 13.47%、17.35% 和 11.43%，也就是说，只有不到两成的基金可以延续去年同样的辉煌。而更令人咂舌的是，上一年度前

10% 的基金，甚至有近一半，在第二年连同类的平均值都无法超越。这一数据在股票型基金里表现得更为"亮眼"，仅有 4.44% 的基金能够在第二年维持住前一年 10% 的业绩排名，而能跑进同类前 50% 的基金，竟然不足三成。

除此之外，我们又以 2012 年表现最好的前 10 名基金为例，分别追踪了它们在之后 5 年的业绩排名情况，结果依旧令人沮丧（见表 3-7 和表 3-8）。

表 3-7　2012 年业绩表现排名前 10 位的股票型基金在随后 5 年的业绩排名

类型	基金代码	基金名称	2012年	2013年	2014年	2015年	2016年	2017年
	450009	国富中小盘	1	109	105	5	18	53
	020021	国泰上证180金融ETF联接	2	94	5	144	23	71
	050013	博时超大盘ETF联接	3	140	66	131	5	83
	519027	海富通上证周期ETF联接	4	135	8	142	54	74
股票型	240016	华宝上证180价值ETF联接	5	120	10	122	13	42
	150037	建信进取	6	19	93	38	96	13
	110003	易方达上证50指数A	7	133	19	112	10	9
	310398	申万菱信沪深300价值	8	115	20	110	16	10
	040190	华安上证龙头ETF联接	9	124	82	69	83	97
	530010	建信上证社会责任ETF联接	10	103	22	117	31	43
	基金总数				158			

资料来源：Wind，7 分钟理财测算。

表 3-8　2012 年业绩表现排名前 10 位的偏股混合型基金在随后 5 年的业绩排名

类型	基金代码	基金名称	2012年	2013年	2014年	2015年	2016年	2017年
	260116	景顺长城核心竞争力A	1	134	121	279	208	8
	166006	中欧行业成长A	2	446	285	232	163	30
	519095	新华行业周期轮换	3	248	56	213	210	367
	377240	上投摩根新兴动力A	4	9	444	72	311	13
偏股混合型	257020	国联安精选	5	170	290	79	228	61
	260112	景顺长城能源基建	6	439	282	51	57	115
	270008	广发核心精选	7	64	446	48	111	251
	240017	华宝新兴产业	8	3	345	97	351	262
	519698	交银先锋	9	337	334	74	306	446
	450004	国富深化价值	10	358	413	358	443	118
	基金总数				498			

资料来源：Wind，7 分钟理财测算。

从上面两张表中我们可以看到，无论是股票型还是偏股混合型，2012 年排名 Top10 的优质基金，在之后的几年间，都变得非常不稳定——有些年份排名尚可，有些年份甚至在同类型基金里排名垫底。真的是应了那句话：历史业绩不代表未来收益。

那究竟应该怎么看基金的盈利能力呢？

其实也不难。只要不局限于眼下，而是筛选出过去三年、过去两年和过去一年，以及每个自然季的同类基金排名，如果某基金连续多年、跨越牛熊周期，都始终处于同类排名的前 30%，那就可以说明该基金业绩确实优秀（参看图 3-6），图中的基金在盈利能力、抗风险能力、基金经理能力和行业周期的表现上，排名较为靠前。且在近三月、今年以来、一年、三年和五年的期限内，都排在同类的前 30%，总体来说比较优秀。之所以各个时间段的表现都要看，理由也很简单——成绩一直优秀的学霸和发挥不稳定偶尔会得第一的黑马，你选哪个？当然，我们也知道这些数据并不代表未来收益，只是从这些数据里，能够反映出基金经理的投资能力，而这对于想要获取收益的投资人来说，无疑是至关重要的。

图 3-6　基金多维度分析之盈利能力分析

资料来源：7 分钟理财测算。

　　A 股市场虽然发展多年，但尚不成熟，投资者也以个人投资者为主，更不成熟，所以版块轮动的现象非常明显，也就很容易出现基金经理一次"赌"对，就可以在很短的时间内登上冠军宝座的现象，但这往往不可复制。因此，在盈利能力这一维度上，应该选择业绩始终或者大部分时间是优秀或者良好的基金。

看完赚钱能力，也要看抗跌实力

　　衡量一只基金的抗跌能力，我们主要的参考指标是波动率和最大回撤。看名字，估计你要晕了——这都是啥呀？

　　首先，这两个指标都是衡量风险的。波动率相对好理解一些，代表基金投资回报率的波动程度。你也可以把基金的波动率理解为，它收益的取得是偶然的还是必然的。如果某只基金近一年收益率很高，但波动率很大，那么从概率学的角度来说，这个收益率的取得就有很大的偶然性；而如果某只基金收益率很高，但波动率很小，那就说明，这是一只风险管理做得还不错的基金。而最大回撤，是看该基金在任一历史时点买入后，往后推，产品净值走到最低点时，收益率回撤幅度的最大值，也即买入产品后可能出现的最糟糕的情况。这两个指标在一般第三方销售平台以及一些基金评级网站，比如晨星等，都可以查询的到。

通过以上对这两个指标的简单理解，我们就能知道，看起来最大回撤和波动率越小，代表基金越好。理论上，是没错，但实际上我们需要辩证地来看待这两个数据。

客观地说，只有业绩比较好的基金，同时最大回撤小、波动率小，才能说明是一只好基金。如果是在第一项——盈利能力上看，业绩比较差的基金，即使它波动率小、回撤小，也并不能说明它是一只好的基金，只能说明它的净值并没有什么波动。举个简单的例子，一只基金的净值常年都在 1 元到 1.01 元附近波动，确实波动率和最大回撤都很小，可是，你能赚到钱吗？

所以，仅从波动率和最大回撤这两个数据，无法单纯地评判一只基金的好坏，而是要结合收益率情况一起来看，并放到同类型基金中比较。换句话

说，当你想在几只类型相同、业绩又都比较优秀的基金中挑选，不知道应该选哪只时，可以参考这两个数值，进行下一步的优中选优，而不能单纯地认为，最大回撤 50% 的基金就一定比最大回撤 10% 的基金差。

在实际操作中，由于基金净值是每天变化的，这两个数值也会不停变化，以实时反映出该基金的抗风险能力。不过，普通的投资者很难有大量的时间和精力来持续监测这些数据。我们在这里也只是做简单介绍，想要更客观、科学地挑选优质基金，应该是寻求专业机构的帮助和建议。

基金经理和基金公司也很重要

从前文公交车的例子中我们已经知道，买基金其实就是将你的钱，交给专业的人来进行投资管理。如果你要买的是指数型基金，那看不看基金经理，可能影响并不大。但是如果你买的是主动管理型基金，相当于你雇了一个专业操盘手帮你买一揽子股票，并且他要帮你实时关注这些股票的表现，决定什么时候买卖，那么，这个基金经理在基金的运作中就发挥着至关重要的作用。那如何看基金经理的能力是否够强呢？请看图 3-7：

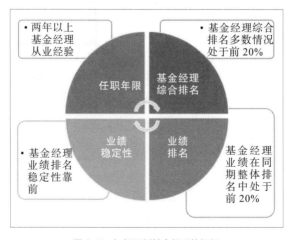

图 3-7　如何评判基金经理的好坏

我们建议大家最好选择两年以上从业经验，业绩突出且较为稳定的基金经理。稳定，要从两方面看，一方面管理业绩比较稳定，要横向看他在整个行业中的位置，因为这考验了基金经理的择时能力、选股能力、面对市场下跌的应变能力，等等；另一方面，也要看基金经理任职年限的稳定性。在中国，我们对偏股型基金做过测算，基金经理平均在职年限约为1.64年，所以一个基金经理的稳定性对于一只基金的表现至关重要。频繁跳槽的基金经理最好不要选。

同时，一个投资能力经历过历史检验，穿越过牛熊周期的基金经理，更容易看出他的真正实力——牛市的时候大家业绩都好看，比的是能否及时止盈；熊市的时候就更考验其选股能力了，看看最大回撤，便知道其投资风格如何。

如果一个基金经理同时管理着多只基金，也不妨看看那些产品的表现如何，这样可以对基金经理有一个全方位的了解。

那什么又算是"好"的基金公司呢？简单说就是有历史、口碑好、业绩优、研究团队佳。

有历史，是要选一些成立时间较长的基金公司，最好超过5年，能够穿越整个牛熊周期，更能帮助我们判断在不同市场情况下，基金公司整体的投研能力和水平；口碑好，是指社会公众、媒体等对它的评价较好，没有什么负面消息；业绩优，是说公司的大部分基金产品都能获得比较好的业绩表现，如果一家公司名下只有一只基金表现比较好，那并不能称得上是一家好的基金公司；研究团队佳，意思是公司不只是靠一两位明星基金经理支撑，而是有较强大的研究团队，不至于在明星经理跳槽后，某只基金的业绩受到较大的影响。

如果能够抓住热点的投资主题就更好了

这一维度对于普通投资者来说，是有一定操作难度的。因为市场随时在变，如果市场行情波动较大，且热点轮动频繁，应该倾向于一些中小规模且风格多变、调仓灵活的基金，来捕捉市场的机会；而在市场相对平淡，出现存量资金互相博弈的行情时，一些以大型股为主要投资方向的基金，稳中有升，可能是更佳的选择。

　　以上四点，是在同类型基金中挑选更优产品时，需要考量的几个维度。我们需要综合来看，才能挑选出更适合当前市场的基金，强化自己的基金篮子，进而增强收益。而如果想要做到更好，对于基金产品是应该进行实时监测的，如果遇到突发情况，比如更换基金经理、排名大幅下挫、热点的轮动、基金规模较大从而认购状态发生变化等，都应该随时进行调整。当然，这部分确实超出了大部分普通投资者的精力范围，有条件的情况下，还是应该寻求专业机构的建议，比如 7 分钟理财的基金咨询服务。

　　这里给大家推荐一个选产品的"优中择优"的方法，主要有六步。第一，先选市场，分析哪个国家未来投资市场会比较有优势；第二步，市场选定后，分析选中的国家里，哪类资产适合，债权、股权和另类大概怎么配置；第三步，选定大类资产后，想想细分

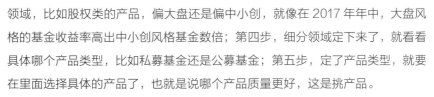

领域，比如股权类的产品，偏大盘还是偏中小创，就像在 2017 年年中，大盘风格的基金收益率高出中小创风格基金数倍；第四步，细分领域定下来了，就看看具体哪个产品类型，比如私募基金还是公募基金；第五步，定了产品类型，就要在里面选择具体的产品了，也就是说哪个产品质量更好，这是挑产品。

以上这些步骤都做完了以后，就还剩最后一步，也就是第六步，就是怎么投资的问题。一次性买还是分几次买？怎么管理才能让收益更好？这个过程是很重要的。

回到之前提到的科学理财四步法中，在找到最适合自己的资产配置比例，即"最优解"之后，你就可以通过上述信息，挑选优质的股票型基金，放入自己的股权类资产配置中了。怎么样，是不是感觉摸到了些门路，一切开始变得简单起来了呢？

第**15**天
总结

我们可以通过"同类型基金中长期收益排名情况""基金的波动率和最大回撤""基金公司及基金经理评分""投资主题"等四个维度，去判断一只基金是否值得投资，进而完成自己的股权类资产配置。当然，这几个维度也都是动态的，所以想要获得更好的投资回报，我们要对自己选择的基金随时保持关注，毕竟，投资的钱是我们自己的辛苦钱。有条件的投资者也可以寻求专业机构的建议，并进行持续的追踪管理。

债券型基金会亏损吗

既然股权类资产配置已经有了方向，那接下来，债权类资产的配置，应该同理可得——债券型基金，也是不错的选择。

所谓债券型基金，与股票型基金的运作逻辑是相似的，也是花钱"雇"个基金经理，帮你去市场上挑选好的债权类资产，并通过买卖赚取收益。但很多人在这里都有个疑惑——投资股票是怎么赚钱的，我多少知道一些，也参与过，无非就是一买一卖赚个价差；可是投资债券，我没参与过，债券是怎么赚钱呢，也是通过买卖赚取价差么？

不只是这么简单哦！

债券的收益主要来源于两部分，一部分是票息收入，这个一般在债券发行时就已确定下来了，所以这部分收益绝对是正的；另一部分是债券在二级市场上价格的涨跌所带来的收益，这部分呢，就跟股票比较类似了，可能赚，也可能亏。那什么是票息，什么因素又影响了债券的价格呢？

我们先来看票息。举个例子，比如有一家公司需要筹集资金，那么它就可以通过发债券的形式，向市场"借钱"。你如果手里有闲钱，你愿不愿意借给它呢？

这时你可能想，那得看这家公司给我多少利息了，怎么也得比定存高吧，不然我借给它干嘛？

很好，那我们就假定给你年化 5% 的收益，你觉得可以么？

你可能想接受，但再一考虑，发现不能只看给多少利息回报，还得看看对方要借多久呢，要是借得久，那利息还得更高。而且最关键的，应该是看能不能按时还钱吧。不能光顾着收益，到时候不还本金，那岂不是亏大发了？！

非常棒，你已经懂得控制风险了！没错，如果你把债券想象成一个"券"，那你刚才说的几点我们都会写在这张纸上，包括：①发行人，这个就不用解释了吧，就是跟你借钱的这个公司；②票面价值，也就是发行人在债券到期时还你多少钱，一般来说，就是你的本金；③偿还期限，就是发行人说它什么时候把本金还给你；④付息周期，是指发行人在这段时间里，多久付你一次利息，是三个月一付、半年一付还是一年一付；⑤

票面利率，发行人会按照事先约定好的票面利率，在该付息的时候，用票面价值乘以票面利率，把当期的利息付给你。这就形成了刚才我们提到的，债券收益的第一部分——票息收入，也是固定收益的部分。请看表 3-9。

表 3-9　债券示例

发行人	7 分钟理财
发行日	2018 年 1 月 1 日
到期日	2023 年 1 月 1 日
票面价值	人民币 100 元
票面利率	5% 每年
付息周期	每半年

我们都知道，债券是可以在二级市场交易的，也就是说，你花 100 块钱买来的债券，如果你不想持有了，想卖出去，也是可以的，但是这时候，它的价格可能会发生波动。那么债券价格的涨跌，又是由什么引发的呢？

由于债券有一个很重要的特性，就是提前约定了未来要支付给你多少的票息，所以，当市场利率上升的时候，你这个之前定好的票面利率，可能就不那么吸引人了。简单来说，假设五年期的定期存款利率是年化 3%，那债券发行的时候，如果以平价的方式发行，发行人得给出年化 5% 的票息，才有人肯买吧？不然像你前面说的，去银行做定存多好呀！而如果你持有债券的这五年里，定期存款利率上升到 6% 甚至更高，你如果想卖掉利率 5% 的债券，得怎么办？是不是得打折降价，要价便宜点儿，才能卖出去，对吧？而如果定期存款利率没有上涨，反而下跌，跌到 1% 了呢？那这时候你手里这张年化 5% 的债券，就很吸引人了，如果想要卖，就可以挺直腰杆，加价卖了。所以，债券的价格和市场利率的走势是成反向的。比如 2015 年，央行多次降息，就使得当年市场上债券的收益非常亮眼。

而与股票相比，债券通常规定有固定的利率，所以与企业绩效不直接挂钩，收益比较稳定，风险较小。而且，在企业破产时，债券持有者对企业剩余资产的索取权，优先于股票持有者，这也相应地保护了债权人的利益。除了垃圾债券中的垃圾王，债券违约的可能性是很低的，尤其是在中国。所以，它算是一种比较稳健的投资工具。

那么，在配置债权类资产的时候，我能否绕过债券基金，直接在市场上买债券呢？市场上的债券，又都有哪些品种呢？

比较耳熟能详的，是我们爷爷奶奶那代人买过的"国库券"，那是国家发行的政府债券，而除了国家发行的，还有企业发行的、金融机构发行的债券，这是从发行主体来分的；从担保形式来分，还有抵押债、信用债；从债券形态来分，有实物债券、凭证式债、记账式债；从付息方式来分，有零息债、定息债、浮息债；从提前偿还上分，有可赎回债和不可赎回债；从是否可转上分，有可转债和不可转债……

估计看到这儿，你大概只想大喝一声——够了！怎么这么复杂……

其实我刚才说的这些债券类型，即使你每个都懂了，也不是每一种你都能参与投资的。所以，如果你的资产配置模型中，需要配置债权类资产，最简单有效的方法还是老套路——花上一点小钱，雇个明白人帮你选，也就是买债券型基金。

事实上，债券型基金不仅帮你节省了精力，更可以帮你买到更多更好的债券，比如许多利率较高的企业债，又或者带你直接"进入"银行间债券市场，去买卖在那里交易的金融债，获取更好的收益。

另外，债券基金也分很多种。纯债基金，就是只投资债券的基金，收益相对有限，长期收益在年化5%左右。一级债券基金，除了投资债券外，还可以打新股（不过2012年7月起，监管就不允许债券基金参与打新了），所以现在一级债券基金基本等同于纯债券基金。混合二级债券基金，除了投资债券，还可以投占比不高于20%的股票：股市好的时候，这20%的配置可带来较高收益，但在股市不振时，二级债基就会出现较大波动甚至亏损。这类基金平均年化收益率超过6%，在股市好的年份，如2014、2015年，当年收益甚至超过了10%。还有可转债基金，风险比较大，不适宜直接作为债权类资产放入配置篮子。

如果你是保守型投资者，又不想麻烦的话，可以选择单一配置二级债券基金，进可攻退可守，市场暴跌时有 80% 的债券做缓冲，牛市时又不怕踏空，适合拿来做长期投资。如果要做全面的资产配置，那么在完成了股权类的配置之后，可以考虑纯债的基金。

由于债券基金的稳定性比股票基金要高得多，所以选起来并不难。如果是选择纯债的基金，选成立时间比较长、综合收益和排名比较靠前、基金经理管理年限长一点的，就可以了。

第 **16** 天
总结

除了我们比较熟悉的银行固定收益类理财产品之外，我们也可以通过投资债券型基金来完成自己的债权类资产配置。在几类债券型基金的选择上，我们建议投资者选择纯债基金。如果你是保守型投资者，又不想太过麻烦地投资并管理多款股权类、债权类基金，也可以选择买入二级债券基金，进行长期投资。

制定属于自己的
定投计划书

基金定投为什么能"打败"市场波动

　　学会了如何挑选基金之后，你就可以按照适合自己的资产配置比例，开始参与投资了。不过有些人可能还是会有些疑惑：如果我现在把手里的钱都投进去，万一运气不好，踩在了市场的相对最高点上，那不是悲摧了？！

　　嗯，这个风险确实存在，毕竟明天市场是涨还是跌，没有人知道。那，有没有什么办法，可以降低一次性买入的风险呢？

　　基金定投，是个不错的选择。

　　基金定投，简单地说就是在约定的时间，以约定的金额，买入约定的基金。听起来很简单，有点强制储蓄，零存整取的意思，可是这样分期分批投资，和一次性投资相比，具体好在哪呢？

要回答这个问题，咱们需要暂时把基金、基金定投这些名词都放在一边，先聊聊炒股这件事儿。

我们炒股是为了什么？当然是为了赚钱！那怎么才能在股市里赚钱呢？除了每年那可以忽略不计的分红之外，炒股最直接的赚钱方式，应该就是低点买进，高点卖出了。然而，事实是什么呢……我们每次都是买在高岗上，割在断崖处，被股市"绞肉机"收割。经验没买到，钱可是没少花。可是你想过没有，这到底是因为什么？！

因为，我们都是人。

行为金融学里有一个结论，说人的风险承受能力，和他眼前的盈利水平是正相关的。你回想一下，这个说法，在你身上有没有应验过？

市场上涨的时候，你的盈利逐步提升，这个时候你会想什么？你会在第一时间意识到风险也在逐步累积么？不会！大部分人这时候的想法一定是——哇，赚了这么多，真是太棒了！这时，是你最自信最闪耀的时刻，腰杆一绷，走路带风。

这个时候，你怕不怕下跌？你不怕。因为你的盈利可观，即使出现市场回调，你也会对自己说：没关系，不过是今天少赚了点而已，总体还是盈利的。然后第二天，市场短暂回调之后继续上涨，你会再对自己说：看吧，我就是这么厉害！

而当市场继续上涨的时候，如果你手中还有可投资的资金，你会怎样？"我投资这么有眼光，放着钱不用，岂不是浪费了我的才华，错过了赚钱的机会？！拿来，继续投啊！"

于是，你在更高的点位加了仓，成本也随之被拉升。不过碰巧你遇到了一波牛市行情，随着盈利增长，你越来越自信，也越来越激进，经过几轮"自我激励"的加仓、再加之后，每次加仓的力度也随着自信心的爆棚在逐步增强，你的成本，也因此累积得越来越贵。

直到有一天……

市场不断聚集的风险开始释放，股票开始出现下跌。最初，你不以为然，因为你的盈利足够覆盖这刚刚开始的下跌，所以你没有做任何的操作。再跌，你开始有了点怀疑；又跌，你心想要不要卖一点保留住"胜利果实"？犹豫的时候，它继续又跌……直到跌破了你累积得已经不低的成本，出现亏损。心疼自己的本金损失的同时，你也变得越来越保守，越来越害怕，但又回想着自己过去的辉煌而有些不死心，在"再等一等"的自我催眠中，终于心理防线被跌破，直到最终，做出了一个艰难的决定——我不玩儿了！最终，割肉离场。全剧终。

本来想得好好的"低买高卖"四个字，最终虽然都实现了，但是顺序被调换了，变成了"高买低卖"。进场的时候想要赚钱，离场的时候只赚到了两个字——赚过……

冷静之后，我问问你——你恨下跌么？

岂止是恨，简直是深恶痛绝！但是，股神巴菲特曾经说过，你去超市买东西，希望标价更贵还是更便宜呢？当然是便宜。而如果证券交易所就是一个大超市，股票就是超市里的货品，你难道不是应该希望股票降价么？因为这样你才买得到便宜货啊！说得好像也很有道理，只可惜，绝大部分股民没有巴菲特这样的心态。

那，究竟怎样的战术，才可以帮助我们战胜心魔，让我们在低位时，有勇气多买一些，在高位时，有理智少买一些呢？

做定投啊！

我来给你算笔账。假设你每个月用 3000 元做定投，当时基金净值是 1.5 元，那么第一次入场，你买到了 2000 的份额。可惜你运气不佳，买了就跌，第二次扣款时，基金净值跌到了 1 元，于是这次，你买到了 3000 的份额。第三次扣款时，基金净值跌到了 5 毛，这次 3000 元买到 6000 的份额。那这三次定投下来，你的基金成本是多少呢？

可能有人要脱口而出——1 元。三次嘛，1.5 元一次，1 元一次，0.5 元一次，三次平均下来，中间价不就是 1 元吗？！

错！

你现在打开手机计算器，用我们的总成本，也就是 3000 元乘以 3 次得到的 9000 元，除以一共买到的份额，也就是 2000+3000+6000=11 000，看到了么？成本是 0.818 元（见表 3-10）。也就是说，我们不需要等到基金回到三次净值的中间价 1 元，只要回到 0.818 元时，我们就不亏了。而如果回到你以为的中间成本 1 元，那时我们已经赚到 22% 了。这，就是基金定投的魔力——市场越高，基金净值越高时，我们买入的份额就越少；相反，当市场越低，基金净值越低时，我们买入的份额就越多，这样才真正做到了高位减仓、低位加码，帮助我们战胜了人性，也实现了对人类常态投资心理的完美迎合。

表 3-10　基金定投成本测算方式

定投次数	定投金额	基金净值	买入份额
第一次	3000 元	1.5 元	2000 份
第二次	3000 元	1 元	3000 份
第三次	3000 元	0.5 元	6000 份
合计金额	9000 元		
合计份额	11 000 份		
基金成本	0.818 元		

了解到了定投的好处，那接下来进入实操阶段，几个现实的问题又出现了——我们应该选择什么类型的基金做定投？多久定投一次？每次定投多少金额？定投完了，又应该如何管理呢？是一直投下去，还是应该止盈或者止损？

第17天
总结

普通的个人投资者大多不具备市场分析的能力，很难对未来的趋势做出判断，同时又极其容易受到投资情绪的影响，盲目地追涨杀跌，导致投资收益不佳。基金定投，则通过固定期限、固定金额买入的方式，巧妙地帮助投资者实现了高点少买、避免追高，低点多买、拉低成本的完美效果。市场总有涨跌，只要我们在熊市低点时通过基金定投积蓄了足够的本金，就不愁牛市来临时现抱佛脚，套在高岗上了。

选择什么类型的基金做定投

这个问题，股神巴菲特早就给我们指过一条明路——他曾经多次公开推荐投资者选择指数型基金。他说个人投资者的最佳选择，就是买入一只费率低的指数基金。通过定期投资指数基金，一个什么都不懂的业余投资者往往能战胜大部分投资专家。

不过，股神的话，也要辩证地看。

美国市场相对成熟，股市的走势会和国家经济的基本面呈现正相关的关系。在这样的市场里，定投指数型基金，确实是普通工薪阶层省心实惠的投资方式。据美国市场统计，1978年以来，指数基金平均业绩表现超过七成以上的主动管理型基金。

但是在中国，从历史数据上来看并非如此。我们把指数也当成是一只基金，然后把它放到主动管理型基金里面，看看它的收益率排名究竟如何。

我们先看一个三年的情况，表3-11选取了从2013年7月初到2016年6月底的数据。市场经过了2014～2015年的一轮牛市，无论是指数还是主动管理型基金，都是正收益，在 553 个主动管理型基金的排名中，上证综指阶段涨幅 46.83%，排在第 373 名；沪深 300 涨幅 42.50%，排在第 397 名。两者表现都在中位数之后。

表 3-11　2013 年 7 月～2016 年 6 月，指数涨幅相较于同期主动管理型基金的业绩表现情况

	阶段涨幅	排名	排位百分比
上证指数	46.83%	373/553	67.45%
沪深 300	42.50%	397/553	71.79%

资料来源：Wind，7 分钟理财测算。

我们再把时间拉长一些，看看五年的历史数据是怎样的（见表 3-12）。从 2011 年 6 月底到 2016 年 6 月底，由于 2011～2013 年是熊市，2014～2015 年虽然出现了一波牛市行情，但经过 2015 年的下跌和 2016 年的继续回落，整体五年时间里，市场点对点的涨幅不多。在有数据显示的 406 只主动管理型基金的排名中，上证以 6.07% 的涨幅排在第 368 名，沪深 300 以 3.61% 的涨幅排在第 377 名，两者表现均在后 10% 的队伍中垫底。

表 3-12　2011～2016 年，指数涨幅相较于同期主动管理型基金的业绩表现情况

	阶段涨幅	排名	排位百分比
上证指数	6.07%	368/406	90.64%
沪深 300	3.61%	377/406	92.86%

资料来源：Wind，7 分钟理财测算。

除了对比三年、五年的中长期点对点表现之外，通常我们还会看基金的弹性——比如一些较短的趋势性行情里，上涨的时候跑得如何，下跌的时候抗跌性又强不强呢？

我们回溯了自 2005 年 6 月起连续 11 年的数据，看看不同阶段性行情中，大盘指数相对于主动管理型基金的表现如何（见表 3-13）。得出的结果很有意思，也发现了一些规律——指数型基金只在明显上涨的行情里表现稍好，在震荡和下跌的行情里，表现整体都是弱于主动管理型基金的。

表3-13　2005～2016年，大盘指数相较于主动管理型基金的表现

起始日	终止日	阶段走势	涨跌幅	排名	总基金数	排位百分比
20050606	20071016	上涨	488.96%	22	84	26.19%
20071017	20081028	下跌	-70.65%	209	209	100%
20081028	20090804	上涨	95.93%	57	250	22.80%
20090804	20140718	震荡	-40.69%	288	297	96.97%
20140718	20150608	上涨	149.23%	202	682	29.62%
20150608	20160630	下跌	-42.91%	815	936	87.07%

注：起始日收盘价作为买入成本价，终止日收盘价作为结算价。

资料来源：Wind。

同时，我们也知道，中国市场最近十余年呈现出来的状态，大多是快牛慢熊，也就是短期内快速上涨，之后出现大幅下跌，然后进入漫长的熊市震荡。所以从时间概率上来看，在中国 A 股市场中，选择主动管理型基金进行投资，是相对指数型基金更好的选择。

这就奇了怪了，国内的指数型基金，在投资理念和风格上与美国的并无不同，为何投资的结果却有如此大的差别呢？

首先，是两国制度不一样。美国股市具备非常严格的退市制度。每年大约有 300 家上市公司退市，其中也包含一些指数的成分股。所以指数成分股会不间断地有新鲜血液补充，指数的表现能够代表绝大部分优秀公司的表现，指数表现自然好。而在中国，上市的企业一般不会退市，投资者买到的指数中，尤其是一些大盘指数，很多权重股都是非常"稳健"的，稳健到万年都不动一动。这种情况下，你还能指望稳健的指数为你赚很多钱吗？

其次，在美国的成熟市场上，一旦出现超额收益的机会，会被大量投资者迅速发现、行动而消化，除非通过内幕消息独占利益。所以投资者难以寻觅超额收益的机会，于是，跟踪指数就成了最佳选择。而我国股市起步较晚，相对美国等成熟市场，市场有效性不充分，这便造成了超额收益的机会可以在一定时间内持续存在，也为主动管理型

基金去市场上获取优于指数型基金的表现提供了基础。

最后，美国的基金投向相对严格，比如一只科技主题的基金，只能严格投资科技类的股票，一旦板块轮动，这些基金的收益很可能跑不过指数。而中国则要宽松很多。我们经常会看到，一只环保主题的基金投资了互联网企业，或者医药主题的基金投资新能源汽车。不管你板块怎么轮动，厉害的基金经理总是能帮你抓住市场的热点，让你不会踏空。

不过，虽然主动管理型基金是投资的首选，但我们也不能只看收益，不顾风险。主动管理型基金，尤其是主动管理型股票基金，因为投资方向规定了其 80% 以上的资产需要投到股市里，因此受大盘波动的影响，其收益波动幅度也很大，如果只做单一投资的话，并非适合所有投资者。不过，也正因为它的波动性，反倒使得定投的效果被凸显了出来。

我们继续用数据说话，请看表 3-14。

表 3-14　6 年间点对点投资和月定投的收益对比

时间段	2011 年 3 月～ 2017 年 3 月
投资标的	上证指数
点对点直投收益	10.59%
月定投收益	25.16%
于股票型基金定投收益率排名	83/111
于混合型基金定投收益率排名	323/385

资料来源：Wind，7 分钟理财测算。

我们从 2011 年 3 月 1 日至 2017 年 3 月 10 日，用 6 年的时间进行数据观测。如果投资上证指数，点对点收益为 10.59%，月定投收益为 25.16%。那么同期的主动管理型基金收益如何呢？图 3-8 和图 3-9 是定投主动管理型股票型基金和混合型基金，各自的收益率区间分布图。横坐标是收益率，纵坐标是基金数量。

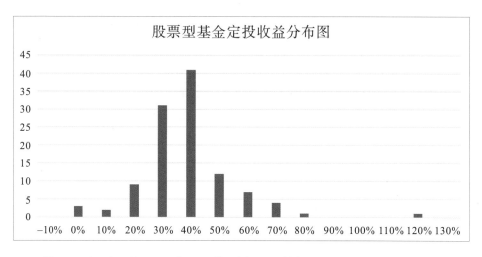

图 3-8　2011 年 3 月 ~ 2017 年 3 月，按月定投股票型基金，不同收益区间基金数量分布图
资料来源：Wind，7 分钟理财测算。

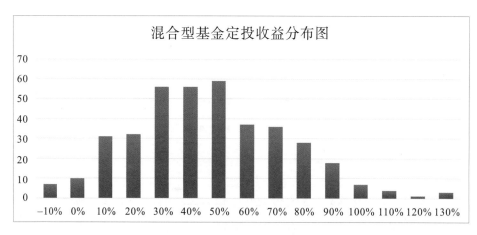

图 3-9　2011 年 3 月 ~ 2017 年 3 月，按月定投混合型基金，不同收益区间基金数量分布图
资料来源：Wind，7 分钟理财测算。

从总量上来说,在这6年的时间里,有81%的主动管理型基金的定投效果要比上证综指好,其中,有25%的基金获得了70%以上的回报,50%的基金获得50%以上的回报。

我们再以2016年较为疲弱的市场行情举例,选取两只指数型基金,分别是大盘类指数型和中小盘类指数型,以及两只主动管理型基金,分别是排名中等的和业绩优异的,然后测算双周定投的收益与点对点直投收益的区别(见表3-15)。从数据上我们可以看出,在震荡行情下,如果点对点直投指数,无论是大盘股还是小盘股指数型,收益都为负;而如果采用定投的策略,不仅收益转正,而且基本实现了跑赢通胀,也就是做到了保值。即使你没有很强的挑选基金的能力,选择的主动管理型基金只是表现中等,但只要你坚持定投,你的收益也会好于定投指数;而如果你掌握了更高超的"选基技能",挑中了一款排名靠前的精选基金进行定投,那你将战胜市场的疲弱行情,收获自己科学理财的累累硕果。

表3-15　2016年不同基金双周定投与点对点直投之收益对比

基金类型	基金名称	双周定投	点对点直投
指数基金 - 大盘类	易方达沪深300ETF联接	4.83%	-8.04%
指数基金 - 中小盘类	广发中证500ETF联接A	2.46%	-16.14%
主动管理型基金—排名中等	大成行业轮动混合	8.65%	-7.45%
主动管理型基金—排名靠前	长信量化先锋混合	16.11%	10.52%

注:自2015年12月31日起每周一双周定投,至2016年12月31日截止。

资料来源:Wind,7分钟理财测算。

总结一下。定投,更适用于波动幅度稍大的基金。因为只有出现波动,定投模式特有的低位加码、高位减仓的功能,才能最大限度地体现出来。货币型、债券型基金波动都相对较小,而波动性较大的混合型基金和股票型基金,是我们定投的首选。当然,也不是说定投指数基金不可以,只是相比而言,不一定是最优选择。对于投资经验尚浅,又没有专业人士帮助筛选优质基金的投资者,能够坚持定投一只指数基金,长期来看,收益也是可观的。

很多人推荐指数型基金来做定投，会认为指数基金股票仓位高、波动大，虽然下跌得狠，但反弹也快，所以更适合定投。这话乍一听很有道理，但是你仔细想一下，投资的目的是什么？赚钱，对吧？！但赚钱之余，即使有市场波动，你是不是也希望最好可以让浮亏少一点儿，波动小一点儿呢？

那怎么样才能控制波动性呢？在过去的几年，中国股市基本上是在宽幅震荡，而这样的格局里，指数型基金"只需持有，无须择时"的特点，使得它的业绩表现长期来看，很难有所作为，甚至出现"辛辛苦苦四五年，一夜回到入场前"的尴尬局面。而宽幅震荡的格局里，择时操作的主动管理型基金，可以根据市场的变化随时调整自己的仓位。尤其是市场下跌的时候，往往比单纯地死守着高股票仓位且不能调仓的指数型基金表现更好，收益更佳。

所以，你是更愿意选一只有人帮你看着，关键时刻帮你规避风险，让你损失少一些的主动管理型基金，还是股票仓位超过 9 成，即使市场下跌，因为自身受限，除了看着，什么也做不了的指数型基金呢？

当然，上述所有的测算都是基于目前 A 股基金市场的现状，随着我们的股票市场越来越正规化、国际化，几年之后结果也许会不一样。

好了，关于定投的好处，说了这么多，不过我们也得提醒大家，要对定投有一个正

确的认识和端正的态度,不能指望短期几个月就赚得盆满钵满。定投是一个长周期的投资,投资过程中,账面出现亏损是不可避免的,要相信阳光总在风雨后,尤其不能因短期浮亏而终止定投。我们定投的目标就是骑熊抓牛,在熊市做定投,是播种,千万不能着急,否则你将错过低位吸筹的最佳阶段,等到牛市来临的时候,双手空空,赚钱这件事,可就跟你无关了。

第**18**天 总结

基金定投,要选择波动性较大的基金,才能够在市场的波动中更好地体现高位少买、低位多买,最终提升收益的"微笑曲线"(见图 3-10)。而中国市场的特点是牛短熊长,从历史数据来看,选择主动管理型的股票型、混合型基金进行定投,大概率上收益率要好于指数型基金。一般只有当市场是大牛市的行情时,指数型基金的收益才会相对好一些。我们建议投资者在选择基金进行定投的时候,要尽量选择综合评测较好的股票或混合型基金,以获取更好的投资收益。

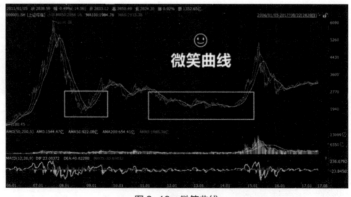

图 3-10 微笑曲线

定投时间越长越好？止盈更关键

如果你决定做定投，那么，今天，永远是未来日子里最好的一天！

当然，这句话不仅仅是在鼓励你不要光看不练，而是要参与其中，才能体会到投资的乐趣，同时也是一个严肃认真的回应。由于定投是分批入场，分散了一次性投资的风险，所以，不必在入场前小心翼翼地"择时"。换句话说，定投设定的日期，并没有特殊的"黄道吉日"，比较简单又易于操作的做法，就是跟着你自己的现金流走就可以了。

比如，你想对自己采取"强制储蓄"的措施，以防止月光，那么，发工资的第二天，就是定投的好日子。当然你也可以在大跌的时候，采取手动定投。比如 1 日定投过了，10 日上证大跌 3%，那也可以手动进行加仓，这样就可以在低位吸附足够多的筹码。下个月市场恢复，由于前一个月已经多投一次了，那这个月不用再定投了，也是可以的。

在这里，很多人可能想说，那万一今天是最高点，我岂不是吃亏了？别怕，我们既然敢鼓励你投，那肯定是已经帮你测算过了。

假设你"运气爆棚"，在上一轮金融危机的至高点，也就是 2007 年 10 月 16 日那天，市场 6124 点的时候决定入场，那么到 2009 年 8 月 4 日，也就是两年后的反弹新高 3478 点，大盘下跌了 43%。如果你是点对点的投资，你此时账面亏损将近一半；那如果是做定投，会怎么样呢？

那段时间，市场上有效的股票型基金和混合型基金，一共有 207 只。如果你在 6124 点的时候选择的是按月定投，那么这 207 只基金中，获得正收益的基金有 186 只，占基金总数的 89.86%。仅有的 21 只亏损基金中，最大亏损也只有 −12.82%。而同期大盘跌了多少呢？刚才说了，43%！

年轻的投资者可能对 2007 年金融危机没有太多感受，那么，2015 年的股市暴跌，你应该有印象吧？！从 2015 年 6 月 12 日，沪指 5178 点，如果你从那时开始，选择了一只排名在前 20% 的基金 070001（嘉实成长收益混合）做双周定投周五扣款（假设无申购费），一直持续到 2016 年 7 月 26 日，沪指收在 3050 点，下跌了 41.1%，而你的定投呢？绝对收益是 6.94%！

除了上面两个极端的时间点之外，我们也测算过，如果你在 A 股 3000 点左右的时候开始入场，那么无论市场是先涨后跌，还是先跌后涨，只要你选择一只股票型基金坚持做定投，那么到下一个 3000 点附近，尽管大盘点位没有变化，但你基本都会实现盈利。

表 3-16　不同的定投时间段，主动管理型基金正收益情况

定投时间段	基金数量	正收益个数	定投平均收益率
2008 年 6 月 11 日～ 2009 年 7 月 1 日	238	238	28.28%
2010 年 4 月 22 日～ 2010 年 10 月 19 日	353	353	12.80%
2011 年 4 月～ 2014 年 12 月	404	401	30.99%

资料来源：Wind，7 分钟理财测算。

怎么样，是不是发现，原来定投可以让生活更美的？！

定投投多少最合适

说到每期定投金额，其实是因人而异的。如果你的这笔资金，是希望作为养老金，或者子女教育金的储备，那么我们可以根据你的需求，代入预计的每年 8% ～ 10% 的

投资回报率，进行测算，推算出从现在开始，每期需要拿多少资金做定投，才能够在约定的时间，实现你具体的财务目标。

教育金定投

我们以教育金为例。比如你打算把今年 3 岁的孩子未来送去美国读大学，虽然你目前已经为他积攒了 10 万元的教育基金，但是仅靠这 10 万，明显无法满足将来至少 4 年的海外本科教育费用。那如果你想从现在起，每个月攒出一笔资金，同时通过定投的方式进行投资，究竟每个月要攒多少钱才够呢？我们不妨来算一下。

假设你的孩子今年 3 岁，距离 18 岁送他去美国读大学，还有 15 年的时间可以用来积累学费。假设目前海外教育每年的开支是 30 万元人民币，那么，按照每年 3% 的学费增长率和 8% 的投资年回报来测算，到孩子 18 岁念大学的时点上，你需要准备好 1 662 965 元的教育资金。而那时，你目前已有的 10 万元教育基金通过投资，只累积到了 317 217 元，两者之间相差的 1 345 748 元，就是你目前的教育金缺口，也就是从今天开始，要为孩子积攒的教育金的目标金额了。

如果你采用每月定投的方式投资，同样假设投资年回报是 8%，通过测算，每个月你需要定投 4130 元，就可以满足未来的教育金需求。那么这 4130 元，会不会对你的日常现金流造成影响呢？如果你的家庭月收入是 3 万元，月支出是 2 万元，那么我们把每个月盈余的 1 万元作为分母，4130 元的定投金额作为分子，就可以得出，每个月除了保证家庭日常开销之外，你需要拿出 41.3% 的资金做定投，未来是可以实现孩子的留学梦的（见表 3-17）。

表 3-17　教育金需求测算

已知数据		单位
何时开始教育计划	15	年后
计划教育年期	4	年
每年教育开支（以现值估算）	300 000	¥
现时拥有的教育基金	100 000	¥
假定学费增长率	3%	
假定回报率	8%	
计算结果		**单位**
子女教育需求	1 662 965	¥
教育期开始时已累积的教育金	317 217	¥
子女教育需求缺口	1 345 748	¥
如果从现在开始做基金定投		
每月准备金额	4 130	¥
现有每月收入	30 000	¥
现有每月开支	20 000	¥
支付能力	41.30%	

　　如果你觉得这个比例有点大，毕竟除了给孩子攒教育金之外，每个月的盈余中，还要拿出来一部分给自己攒点养老金，未来可能还打算换个大一点的房子，还要给父母养老，花钱的地方挺多的，那么我们在不改变其他数值的情况下，可以选择投资风格更为积极一些的配置组合，适当提升预期收益率。如果我们把收益率从 8% 提升至 10%，那么为积攒教育金而每月定投的金额将从刚才的 4130 元下降至 3076 元，支付比例也会随之降低至 30.76%，只占现金流盈余的不到 1/3 了，会更合理一些。

养老金定投

　　除了用定投积累教育金之外，你也可以通过定投积攒养老金，同样，只要你能说出自己的"小目标"，我们都可以帮你测算出每月需要多少的定投金额。

假设你还年轻，今年只有 22 岁，没什么积蓄，但是希望自己可以在 50 岁的时候积攒出第一个 1000 万，提前退休。即使你手中没有积蓄，在假设 10% 的投资年回报下（见图 3-11），每个月只需要定投 5894 元，就可以拥有一个无忧的晚年。

图 3-11　定投测算器

注：此图为 7 分钟理财分账户管理测算结果。

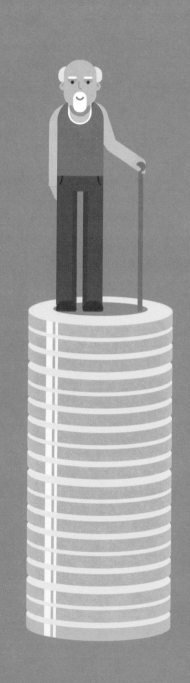

是不是很意外？每月只要 5000 多元，就可以在 50 岁，怀抱着 1000 万元顺利退休了（见图 3-12）。没错，这就是通过科学理财的方式，加上时间对复利功效的放大，为我们带来的财富自由。

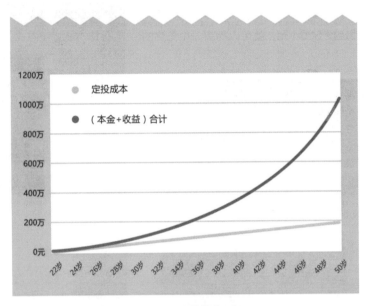

图 3-12　如何在 50 岁前赚到 1000 万

而如果你暂时还没有像积攒教育金、养老金这类具体的投资目标，只是想提升一下手中可投资资金的整体回报，是"懒人投资法"的推崇者，那么从现金流的角度考虑，建议用每月家庭可支配收入减去必要的生活开支后，剩余部分的 1/3 用来做定投，是比较合适的金额。

总体来说，定投与前面章节讲过的资产配置理念一样，都是在分散风险。如果说资产配置是让我们知道了鸡蛋不能放到同一个篮子里，那么定投就是告诉我们，鸡蛋不要一次性放入不同的篮子里。换句话说，资产配置是在空间上，或者说在大类资产上做分散，而定投是在时间上做分散。曾经有人对定投做过非常形象的比喻——定投，就是将自己犯傻的成本平摊下来。仔细想想，确实如此。

基金定投的优势之一，就是不需要投资者再去做"择时"这件事情，因此，定投的扣款日并没有特殊的要求，如设定为发薪日的次日，实现强制储蓄，就是一个不错的选择。我们也可以通过工具测算，了解自己如果要实现积攒子女教育金、个人养老金等财务目标，每个月需要定投多少金额。基金定投，既不高深，也不神秘，只是难在定期管理和长期坚持。

守住定投纪律，守住长期收益

我们都知道，在投资的时候，如果是把资金一次性投入市场，那么入场的时点，也就是择时，就显得很重要。而定投的优势，在于无论入场是高位还是低位，由于是分批买进，每次购买的基金份额都不同，择时的重要性被明显淡化，这也是为什么我们说，每天都是开始定投的好日子。但是投资了一段时间，我们会发现两个新的问题出现了——如果出现亏损，我要不要继续坚持；如果出现盈利，我又该在赚到多少的时候，主动落袋为安呢？

前一个问题，我相信大家现在应该都有了一个共同而坚定的信念，那就是——亏损需要坚持！因为市场下跌，出现亏损，对于一次性投资，又没有做任何资产配置的人来说，可能是种煎熬，因为他手中已经没有筹码可以逢低补仓，只能被动地等待市场赐予他的命运。而对于定投的我们来说，市场下跌，恰恰是我们趁机大吸筹码的好机会，想买的东西便宜了，当然要赶紧买，甚至要加大力度去买，这时候绝对不能失意离场，否则熊市不冷静潜伏，等牛市来临却仓中空空，无论怎样都无法获得任何收益了。

可是后面一个问题，就有点难度了。定投，到底要不要止盈呢？这个问题，要分两种情况分别回答。

如果你运气很好，刚定投几个月就出现了不错的盈利，这时我是不建议你止盈的。因为此时你才刚刚起步，定投积累的资金并不多，即使赎回落袋为安，真正赚到的也只是零星的小钱，盈利的影响很有限，而且起不到定投强制储蓄的作用，所以，这个时候匆匆止盈，意义不大。

而如果你已经坚持投资两三年了，在这个过程中，忍受住了 A 股市场上漫漫慢熊所带来的亏损的折磨，熬过了"磨底"的时光，终于迎来了牛市，账户出现了可观的盈利，这时，就要考虑止盈了。

从 A 股市场过去十几年的走势中，我们不难看出，投资者都是在熊市里等得漫长，而牛市每次都是来得突然，走得也匆匆。如果不能在牛市快速上涨的过程中，及时止盈收手，那么突如其来的牛熊转换，"抓牛"的机会转瞬即逝。那些年我们熬过的亏损，在过山车式的行情结束后，只会留给我们两个字——赚过……

所以，定投收益的高低，与投资的时长并不一定成正比。也正是因为这一点，在定投的中后期，学会止盈，就成了一件至关重要的事情。一方面，此时账户里累积的资金已经较多，继续定投，每期的新增份额，相对于原有的成本来说，摊薄的作用已经逐渐减弱。而从市场的周期性来看，股市上涨下跌的轮回不可避免，随着定投中后期的资金量变大，一旦市场出现回调，一个小跌，亏损的金额都会吞噬掉大量的盈利。100 万元的资金，涨个 10%，会变成 110 万元，而变成 110 万元的资金；如果市场反向下跌，跌个 10%，就变成 99 万元了。和没涨没跌的时候对比下来，总量还少了 1 万……

那么，如何设置定投的"止盈线"呢？

我们鼓励普通投资者在定投初期，就为自己设定一个心理上的预期收益率，比如"赚到 10% 或 15%，我就要开始采取止盈措施了"；同时，在未来市场获利的时候，遵守自己定下的投资纪律，养成良好的投资习惯。

如果你对预期收益率没有一个量化的概念，那么也有些简单易行的办法。比如对比同期银行固定收益类理财产品的收益率，扩大 5 倍，作为自己年化收益率的目标，一旦定投的回报达到这条止盈线，先一次性卖出50%，落袋为安；而如果市场继续上涨，再次达到止盈线的时候，再卖出30%，剩下的20%可以继续观察，选择适当的时机卖出。

之所以按照50%、30%、20%逐步递减的比例，是因为市场上涨的过程中，回报率逐级提升，风险也在随之增大。虽然每个人都想卖在最高点，但任何人都无法准确地抓住它，通常不是卖早了，就是卖晚了。而我们的做法，就是希望在风险可控的时期，先行锁住一半的收益，提升收益的确定性——如果市场回调，那我们至少有一半的资金，稳赚到了目标收益率；如果市场继续上涨，我们还有另一半的资金，在确定稳赚的基础上帮助我们再次提升收益率。可谓是"口口是肉"，落袋为安。不过，如果你的想法是等牛市到来赚更多，也可以调整这个比例。

那么，接下来的问题就是，止盈之后的资金，应该做何处理呢？

有两种选择。你可以用这笔套现离场的资金，去为自己的整体资产配置来一次再平衡，看看股权、债权、另类资产，哪部分比例随着市场的变化而过小了，就用它补充到哪部分。或者，先把这部分资金放在货币型基金里，等待市场回调到位，

重新开始下一轮的定投，也是不错的选择。当然，作为市场对于你践行"科学理财、坚持定投"的馈赠，拿出一部分收益买个礼物，奖励自己一下也未尝不可，毕竟，能够做得像你这样出色的普通投资者，还真的是不多呢。

总的来说，定投作为一个"懒人投资法"，优势就是省时省事省脑子，但是，你太懒了也不行，还是要讲求一些后续的管理方法，才能真正实现长期战胜通胀，资产保值增值的目标。

关于基金定投，到这里你已经学得差不多了，下一步就是赶紧把钱投起来吧。

第**20**天
总结

基金定投的黄金法则，是止盈不止损。亏损的时候要坚持、别放弃，才能够在熊市默默地积攒机会，等待牛市的来临。而当牛市来临，盈利达到预期时，也要冷静地步步退出，落袋为安，以免市场再现过山车行情，多年的投资成果瞬间消失。如果你没有特别的投资预期，不妨将无风险利率扩大 5 倍作为目标收益，达到这一止盈线就着手收割胜利果实。投资的过程中，会买的是徒弟，而会卖的，才是师父。

INVESTMENT IN

GOLD

较好的避险品种
黄金投资

———

2013 年 4 月，一则题为"中国大妈完胜华尔街之狼，高盛投降终止黄金卖空"的新闻刷爆了各大媒体的头条。文章中说，华尔街金融大鳄做空黄金，使得金价大跌，世界哗然。不料半路杀出一群"中国大妈"，瞬间 1000 亿元，300 吨黄金被大妈们扫走，整个华尔街为之震动。华尔街投多少大妈们买多少，在这场关于黄金的对赌中，高盛率先退出做空黄金。中国大妈完胜华尔街之狼。

看完这条消息，让人不禁惊叹——原来大妈们不仅在你家楼下的广场上舞步飞旋身手矫捷，在投资领域里也披荆斩棘所向披靡呢。所谓的黄金避险，究竟是为什么？如果要参与黄金投资，除了像大妈那样"按斤买"之外，有没有"经济实惠"的方法呢？最后，也是最关键的，大妈买的那些黄金，后来到底有没有赚到钱……

乱世买黄金，黄金为什么能避险

中国有句老话，叫"盛世藏古董，乱世买黄金"。意思是经济繁荣时期，人们乐于投资古董，一方面是因为兜里有钱的物质丰富，另一方面也是追求闲情逸致的精神愉悦。而这个时候，如果大家都想去投资古董，那古董的价格自然要涨起来，更显示出了其收藏的价值。但到了兵荒马乱、鸡飞狗跳的乱世，人们连吃饭保命都成了问题，自然也就没了欣赏古董的心思，盛世买来的宝贝这会儿既没人出价不能换钱，又要担心它一不小心碎了一地，所以乱世时人们更喜欢把手头的钱换成朴实无华的黄金——在颠沛流离之时方便出门携带，在落脚重生之际即可以折现换钱。无论是政治、军事上的纷争，还是经济环境的动荡，这些不稳定因素，都构成了给黄金带来投资机会的"乱世"。

跟中国人自古就有储备黄金抵抗风险的喜好相同，在国际市场上，黄金也被看作保值、抗通胀的避险工具。说它保值，主要是由于黄金在全球的保有量相对稳定，这也是为什么在早年金本位体制下，各国的货币价格都跟黄金挂钩的主要原因；说它抗通胀，是相对纸币而言，黄金不会像纸币那样因为政府的超发而引发大幅度的购买力下降。话说到这里，似乎黄金像是一个只赚不赔的东西嘛，那它的价格是否真的一路上涨呢？

并不是。

如果我们认真地去看数据，就会发现，在过去100年全球各大经济体盛世乱世交叠的历史长河中，所谓"乱世"虽然一直存在，但黄金价格真正一路大涨的十年，只有两个——分别是1970 ~ 1980年，以及2000 ~ 2010年（见图3-13）。换句话说，如果我们想单纯地通过投资黄金来赚上一笔的话，那么历史数据告诉我们，过去100年间的10个10年里，我们的胜算只有20%，并不乐观。

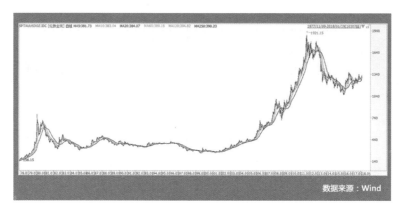

图 3-13 1978 ~ 2017 年，伦敦金现货价格走势图
资料来源：Wind。

巴菲特曾经说过，黄金是从非洲或某些地方的地底下挖出来，然后我们将它融化，再挖个洞埋起来，花钱雇人看守着。如果火星人看到这一幕，它们一定挠头地球人到底在干嘛。确实，作为商品类资产，黄金与其他同类资产相比，好像并没有什么实际的用途。我们投资原油，因为它是能源，是基础的工业原料，人们生活需要它；我们投资铁矿石，因为它是工业必需品，大型基建需要它。即便是我们投资股票，也是因为上市公司属于实体经济的一部分，会成长，会赚钱。那黄金呢？我们用黄金干嘛？除了做成首饰戴在身上，买成金条锁在保险柜里，心情好的时候拿出来把玩一下之外，相对于原油、铁矿石等商品类投资资产，似乎黄金本身并没有那么广泛而切实的用途。有人曾经计算过，如果把全球所有的黄金以 1750 美元 / 盎司[⊖]左右的价格卖掉变现，那么可以买下全美所有的耕地，加上 16 个埃克森－美孚，再剩下 10 000 亿美元的现金。后者可以为你带来永续的回报，而前者，那一堆金灿灿的黄金，又能为你带来什么呢？

所以巴菲特认为，炒作黄金的人都是在"博傻"，即买的人相信接下来会有更傻的人出更高的价把黄金从自己手里买走。黄金本身并非生息资产，不产生利息，同时，由

⊖ 按照金衡制，1 盎司 =31.103 481 克。

GLOBAL
INTER GOLD

50 g
FINE GOLD
999.9

NMR MELTER ASSAYER

G0028

于影响黄金价格的因素庞杂而高度不确定，所以对于普通投资者，从投入时间、精力的性价比来说，最好将黄金看作家庭资产的压仓石，而不要赋予其过多的投资属性。毕竟，投资的终极目标，可不仅仅只为了避险，而是为了在控制风险的前提下，追求更好的投资回报。因此，当我们在讨论资产配置的时候，作为商品类投资，即使是风险积极型的投资者，投资黄金的配比也不应该超过可投资资产的 10%。

第**21**天
总结

很多时候，我们比较难以区分什么是投资，什么是投机。有人说投资是长期的，投机是短期的；有人说投资是稳健的，投机是高风险的。其实都不尽然。如果把买只母鸡看作一种市场交易行为的话，追求母鸡下蛋的人，就是在投资。比如存款是你投资的"鸡"，那么利息就是你的"蛋"；如果股票是你投资的"鸡"，那么股息分红就是你的"蛋"；如果债券是你投资的"鸡"，那么定期收到的票息就是你的"蛋"；如果房地产是你投资的"鸡"，那么房租就是你的"蛋"。而在这个逻辑下，买黄金如果是你的"鸡"，那么你的"蛋"，又是什么呢？

而如果你买了这只鸡，并不是为了获取鸡蛋，而是为了将来以更高的价格把它卖给别人，那这种交易行为就是投机。比如买卖古董文玩的时候，你能否从交易里赚到收益，其实很大程度上取决于其他人对于你手里这只"鸡"价值的认定。想通了这个道理，或许你就会理解为什么黄金价格涨跌起伏如此之大，而不能将其大比例地放入你资产配置的篮子中了。

这些理财产品竟然都属于黄金投资

说到投资黄金，很多人第一时间想到的可能跟大妈们一样，就是金条——看得见、摸得着，心里踏实。买金条，的确是可以间接地分享黄金价格的上涨，但是作为实物载体，它们的交易成本较高，也不易存储，算不上是专业投资黄金的好工具。

很多人可能听说或者接触过纸黄金。纸黄金所谓的"纸"，只是一种凭证，没有实物。纸黄金摸不着看不到，也就省去了把黄金抱回家的麻烦，以及储藏的风险。它获利的方式也很简单，根据金价的上涨进行买卖，就可以赚钱了。有银行提供"双向纸黄金"业务，不仅可以通过黄金上涨赚钱，在黄金下跌时也可以赚钱。

目前很多银行都提供纸黄金的业务，网上银行、手机银行或柜台也可以买卖。纸黄金交易时间就非常灵活，而且不受交易地点的限制。从周一早上 8：00 到周六凌晨 4：00，可以实现不间断的交易。纸黄金交易是 T+0，即买入后，马上就可以卖出，一天可以"挥金如土"无限把。因此，做纸黄金交易，会更加贴合金价走势，随买随卖，不会眼睁睁地看着赚钱的机会跑掉。

不过，如果你想通过纸黄金的波段性投资来赚钱，也有个很实际的问题，那就是，人总要休息，不可能每周无死角地看盘。而黄金价格的波段性走势，往往与国际事件密切相关，尤其是美国的主要经济数据公布、大的突发消息，都会对黄金价格造成波段性影响。而当美国、欧洲那边消息满天飞，闹腾正欢，黄金价格大幅度波动，别人都在赚钱的时候，咱们这边通常是凌晨，你还在被窝里做梦呢。所以，如果你想准确地把握买卖时点，那你只能在睡觉和赚钱之中选一个了。

同时，即便你能克服身体上的困难，排除万难不眠不休地看盘，你还要有相当专业的知识和及时的消息。需要非常了解市场，才能准确及时地做出预判。听起来，是不是也不容易？

那么，除了纸黄金，还有其他的黄金投资渠道么？

对于普通投资者来说，购买黄金基金，就是一个不错的选择。

黄金基金一般是投资于黄金或黄金类衍生交易品种。在国内，黄金基金投资标的一般为黄金 ETF，也就是追踪黄金价格，比如 COMEX 黄金或者伦敦金。本质上讲，黄

金基金是基金，在银行、券商、基金公司或第三方平台均可以购买。但是它的交易方式，与纸黄金略有不同。由于黄金基金的本质是基金，所以不能全天候购买，而要遵从基金的交易原则，在交易日的固定期间进行交易，通常以交易日当天下午 3 点的黄金价格来决定净值。追踪黄金价格的基金，可 95% 复制黄金价格走势，能享受黄金价格上涨带来的收益，有的基金可通过套利、杠杆等方式增加收益。所以，选择黄金基金进行投资更加省心。

不过，任何事情都有两面性，与纸黄金相比，黄金基金对市场的敏感度就没那么高，因为它交易并不能具体到时点，只能按交易日买卖，这样或许会错失一些当日的波段性机会。同样，就像前面所讲的，金价的大幅度变化通常在国际上一些重大消息公布之后，而此时国内的黄金基金并不在交易时间，所以它的每日净值并不能充分反映出黄金价格的实时变化情况。

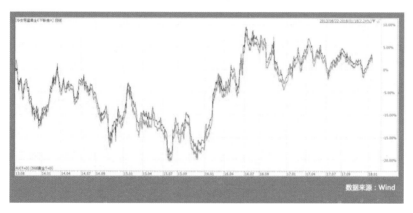

图 3-14　2013 年 8 月 22 日～ 2018 年 1 月 18 日，华安易富黄金 ETF 联接基金与金价走势对比图
（黑线——黄金基金；红线——黄金）
资料来源：Wind.

同时要了解，并非所有名字里带"黄金"字样的基金，都具备同样的投资属性。在上一轮黄金价格大幅变动的过程中，就有不少投资者因为没有仔细区分其差别，而损失惨重……

那是在 2012 年，虽然黄金当时已连续大涨了 10 年，但市场上 80% 的机构依旧预测黄金会继续上涨，甚至预计价格会上涨到 2000 ～ 2300 美元 / 盎司。当时许多对黄金毫无了解的投资者，仅仅是听到机构预测说它会涨，就大笔一挥买入大量的"黄金基金"。而他们买的是什么呢？不是以追踪黄金价格为投资目标的 ETF，而是投资黄金公司的股票、并不实际持有黄金的股票型基金产品。

投资黄金 ETF 和投资黄金公司的股票，两者又有什么区别呢？

我们把黄金看成黄金公司生产的商品好了，由于公司的运营成本短期不会有大的改变，而利润是由卖出商品获得的收入减去各项成本算得的，因此，当出厂商品的市场价格下跌 10% 的时候，企业的利润下跌，一定会超过 10%；而如果出厂商品的市场价格下跌 30%，企业利润率很有可能会变成零，甚至亏损。所以，国际市场上金价的下跌对从事金矿业务公司的盈利能力的影响，是非常巨大的。此外，由于基金将资产投资在股票上，全球经济的整体低迷，反映在股票市场的下行压力，也会对黄金公司的股价产生雪上加霜的影响。而这一切，都被投资者盲目看好黄金本身而忽略，他们不顾自己的风险承受力，越过资产配置中商品类投资的安全线，粗暴入场。最终，成了巴菲特口中，那个痴痴傻等的人。

所以说，投资者在选择黄金投资品种的时候，一定要结合自身情况——如果专业又有闲，那么纸黄金更合适，毕竟波段性的收益，做好了也是很可观的；对于没时间看盘，专业度不够的投资者来说，投资黄金基金，"性价比"上会更合适。但在选择黄金基金的时候，也要擦亮双眼，仔细看好基金投向，切勿盲目投资。

同时，如果投资黄金基金，也不能一味地采用"买入并持有"策略。因为黄金作为一种商品，价格会受到很多因素的扰动，比如地缘政治、通胀情况、供需关系等。基于金价波动较大，需要结合市场行情进行一些阶段性的操作，比如在黄金价格上涨的时候部分止盈，下跌的时候适量补仓。

说了这么多，相信很多人依旧关心着大妈的钱袋子，想知道大妈们最终究竟赢没赢呢。

与华尔街大鳄们博弈的大妈，她们下血本买黄金的想法，应该不是来自于将黄金放入资产配置篮子的理念，而是简单地来自于最朴素的消费观——看见打折就赶紧买！事实上，华尔街大鳄们的联手抛售，是对黄金期货的操作，而大妈们出手买入的都是黄金的现货，交易标的完全不同。至于有些新闻图片里拥挤在周 XX 柜台抢购金项链的大妈，就更谈不上投资，而是一种消费了。

在这场"关公战秦琼"的闹剧里，华尔街玩的是数字游戏，实诚的中国大妈付出的可是真金白银。虽然这则新闻对指导大家如何客观看待黄金投资没什么现实意义，倒也从侧面体现了现阶段中国投资者"钱多人傻"的窘境（当然，世界上除了中国大妈，还

有"印度大婶""渡边太太"等）。当时大妈们的抄底被媒体炒作为战胜华尔街，而事实上，所谓"战胜"，也只是恰逢暴跌之后的短暂回弹，随后金价又继续掉头向下，拉扯着大妈们一起跌向"深渊"。不过往好处想，大妈们只要坚持不割肉不卖出，金价再跌，也不过是"账面浮亏"，没有实际损失（但事实上我们从科学理财的角度并不鼓励大妈这样做，这么说只是怕大妈们上火罢了）。大妈们需要的，是用时间慢慢疗伤，等待金价再度雄起。又或许再传个几代人，遇上个"金灿灿"的年代，大妈们的后代会"感激"她们当下的决定吧。

总的来说，黄金作为避险类资产，绝对不应该被简单地看作是"便宜货"就赶紧买，涨价了更要买，传世万年注定保值的投资品。如果你目前的黄金类投资在资产配置篮子中的占比已经超过了 10%，你就应该寻找适当的机会将这一比例调整到合适的范围中。无论在怎样的市场环境下，不盲目追涨杀跌，分散投资，才是抵御风险、跑赢通胀的王道。

纸黄金投资，对于那些在黄金投资方面比较有经验的投资者来说，通过对风险事件的预测和判断，无限次地赚取波段性收益，是不错的投资选择。而普通投资者如果精力有限，不妨通过黄金 ETF 联接型基金来配置黄金类资产。至于那些买了黄金吊坠、金碗金勺的投资者，严格意义上来说算不得是在投资黄金，仅是一种消费，图一个吉祥如意就好，是不能相应计价并放到资产配置的比例中的。毕竟，卖给你金碗的机构，是不提供回收折现服务的，而只要无法流动变现，就不能算作是一种好的投资工具。

布局全球的秘密
外汇投资

　　从 2014 年起，汇率变动、人民币贬值等热词纷纷出现，很多投资者开始关注外汇投资这个话题。

　　对于大多数普通人来说，日常生活中与外汇发生关系最多的时刻，就是出国旅行买买买了。拜当今结算方式便捷所赐，早年出国怀揣大量现金的"土豪"，如今也只需要在钱包里放上几张信用卡，消费的时候潇洒签单，月底坐等账单，直接人民币还款即可。很多人都知道一个基本常识——汇率是时刻在变动的。在投资领域里，只要某个东西的价格是变动的，那么，我们就有通过买卖它而赚钱的可能。说到底，究竟我们要不要换点美元，规避人民币贬值的风险；在外汇投资之前，又有哪些基础知识需要我们了解呢？这一节，我们就来讲讲汇率是怎么回事儿，以及普通人，如何在汇率的变化中，赚到钱。

如何看懂汇率

我们知道，每个国家都有供本国使用的流通货币，各国货币的币值也不一样，所以，当两国之间需要做交易的时候，势必会出现一个兑换的价格，而这个价格，就是汇率。

简单来说，汇率就是两个不同货币之间的价格比，所以汇率本身，是一个数值。

常见的汇率表示方法

我们最常见的汇率可能是这样的：USD/CNY=6.8939，意思是 1 美元可以换到 6.8939 元人民币。一般来说，汇率标价的时候，会在小数点后保留 4 位，从末尾开始，算 1 "点"。所以通常我们看到媒体说，美元兑人民币汇率今天上涨了 100 个点，就是末位对齐，+0.0100，也就是涨到了 1 美元可以换 6.9039 元人民币。

如果你打开某银行或某金融类 App，可以看到图 3-15 中的牌价显示：

外汇比价	银行牌价	
设置基准货币(单位100)		美元

银行 ◀	钞买价 ⬍	汇买价 ⬍	钞/汇卖价 ⬍
工商银行	689.3900	693.9100	696.6900
农业银行	688.9400	693.9500	696.5900
浦发银行	688.3400	693.9700	696.7000
中国银行	688.2400	693.9400	696.7200
中信银行	688.2000	693.3500	696.4600
交通银行	688.0500	693.9600	696.7300
兴业银行	687.9000	694.1600	696.9300
光大银行	687.5550	693.1110	695.8890

仅显示支持此币种交易的银行

图 3-15　2017 年 1 月 2 日各银行外汇牌价
资料来源：和讯 App。

你会发现，从左至右有三个价格——钞买价、汇买价、钞/汇卖价。很多人也许会想，那我要买美元，是不是看钞买价和汇买价就行了？其实不是的。

首先，我们要明确一个重要的概念——这三个价格中，做买卖动作的，不是你，而是银行。所以，钞买价的意思，是银行从你手里，买美元现钞的价格。换句话说，以上图中的工商银行为例，如果你从柜台递进去100美元，对面的工作人员应该会给你递出来689.39元人民币。汇买价的意思，也同样是银行从你手里买美元，只是这次买的，是你账上的美元现汇，价格就是693.91元人民币。

说到这里可能大家会问，同样是100美元，为什么银行收我手里的美金现汇的价格，要高于收我手里的纸币现钞呢？究竟什么是现汇，什么是现钞？为什么同是美元，它们会有价差呢？这是因为它们来源不同，也正是因为如此，对于银行来说，它们的成本也不一样。

现汇的美元是哪里来的呢？只有两种路径——要么是你早年用人民币在银行买的美金现汇，直接存在账上的；要么是国外汇进来，到你个人账上的。无论哪种，对于银行来说，都只是数字，不涉及用美元现金在柜台递来递去，相对成本是比较低的。那么，现钞的成本究竟体现在哪里呢？你一定在早晨8点多上班的路上，见过银行门口停着的运钞车吧，运钞车里装的可不只有人民币，也有外币。它们被每天早晨运过来，晚上再接走，这对银行来说，一趟趟的都是成本；同时，由于外币是"进口商品"，国内的印钞厂是不生产外币的，所以任何外币的损耗，对于银行来说也是损失，需要自行承担。因此，银行在收客户手中的外币纸币时，价格就会偏低。

解释到这里，最右边的钞/汇卖价，你应该也可以理解了，就是银行把美元卖给你的时候，无论你是想把它存在自己的现汇账户上，还是想今天就从柜台取出来，留着假期出国玩的时候付小费，那么以工商银行为例，你都需要花696.69元人民币的价格，才能买到100美元。

所以从中我们也可以知道，银行是如何赢利的了。同样是100美元，需要它、想买到它的人，和不需要它、想卖掉它的人，很难在同一时点找到对方，达成交易，最简单的办法就是各自都去找银行。银行虽然在这一业务上，并不收取额外的手续费，但还是

在这一买一卖的过程中，赚到了它该赚的部分。

看懂了牌价，你就可以到银行进行外币买卖了。需要提醒大家，我国目前还是一个有外汇管制的国家，每人每年的购汇额度是 5 万美元（或等值外币），在额度之内，到银行网点出示身份证件，或者通过电子银行、手机银行，都可以办理。从 2017 年 1 月 1 日开始，国家外管政策对购汇的真实性提出了更严格的要求，具体的操作细节，大家可以咨询银行网点，协助办理。

至此，我们学会了如何使用人民币买卖外币。那么在国际市场上，各国货币之间又是如何交易的呢？

国际市场的汇率标价

在国际市场上，各国交易员在进行外汇交易的时候，汇率显示出来的价格，需要有一些"规矩"——比如，哪些货币是站在美元前面，表示 1 单位某国货币，能换多少美元；而哪些货币又站在美元后面，表示 1 美元能够换得多少某国货币，大家得有个统一的游戏规则。否则，你叫价的时候是 1 欧元兑多少美元，我叫价的时候是 1 美元兑多少欧元，我们俩交易的时候，随身还得带着个计算器，用 1 去实时做除法，那这市场就乱套了。

国际上有两种标价方法，一种是直接标价法，一种是间接标价法（见表3-18），解释起来有点绕，不过要记忆起来也不难。只要记住——欧英澳纽美，就够了。也就是，欧元、英镑、澳元、纽元（即新西兰元），标价的时候站在美元前面，如 EUR/USD，意思是 1 欧元兑换多少美元；而其他常用货币站在美元后面，比如加元、瑞士法郎、新加坡元、港元、日元，如 USD/JPY，意思是 1 美元兑换多少日元。

表 3-18　间接标价法与直接标价法及其示例

	货币	示例
间接标价法	欧元、英镑、澳元、纽元	欧元 / 美元
直接标价法	加元、瑞士法郎、新加坡元、港币、日元	美元 / 加元

　　为什么知道"站位"很重要？因为只有确定了站位，你才能够从汇率价格的涨跌中，判断某一个货币到底是升值还是贬值。比如你看到一条消息，说"目前日元是 115，国际市场预计年底价格会在 110 左右"。那从 115 到 110，日元究竟是涨了还是跌了？看数字，好像是下跌，但其实呢？如果你知道日元和美元的汇率是用 USD/JPY 来表示，意思是 1 美元可以兑换多少日元，那么，当 1 美元可以兑换 115 日元，变成了只能兑换 110 日元时，说明日元的价格上升了，也即日元相对美元升值了。

　　简单来说，如果你看到欧元、英镑、澳元、纽元，兑美元的汇率数值变大了，意味着它们相对美元升值了，反之亦然；如果你看到加元、瑞士法郎、新加坡元、港币、日元，兑美元的汇率数值变大了，意味着它们贬值了，反之亦然。

第**23**天
总结

　　开始外汇投资之前，要先看懂货币之间表示汇率时的不同标价法，而不同标价法下的数字涨跌，对于同组货币来讲，也代表着升值贬值两个相反的趋势。虽然人民币已经被纳入了特别提款权（SDR）货币篮子，成为国际货币，但中国目前是一个有外汇管制的国家，所有人民币与外币之间的兑换，都需要通过金融机构进行，同时受到外管局的监管并有一定的额度限制。投资前最好要多做了解。

我想投外汇！该怎么做

很多人都关注到，从 2014 年起，人民币兑美元的汇率，一改过去 10 年的升值态势，开始了一轮贬值（如图 3-16）。

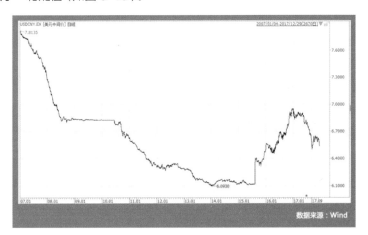

图 3-16 　2007 年 1 月 1 日~ 2017 年 12 月 31 日美元 / 人民币汇率走势图
资料来源：和讯网。

早几年，人民币持续升值的时候，普通老百姓是没什么感触的。反正手里只有人民币，越来越值钱，当然是件好事，尤其是出国旅游的时候，觉得外面的东西越来越便宜了，更为祖国的强大而开心。但近几年，人民币开始了贬值走势，越来越多手持人民币资产的投资者开始思考，是不是我也应该换点美元，不然不是要坐等千金散尽了么？

分散单一货币的持有风险，在投资策略上，是理性而无可非议的，但是买了美元之后，到底可以做什么投资，才能真正抵御货币贬值的风险呢？

首先，如果只是单一持有美元，存在账户里，那么，除非美元兑人民币的汇率继续大幅度走高，你才可以从汇率的变化中，通过一买一卖，赚到一笔收益。但是前面我们也介绍了，银行买卖美元，是存在大概 1% 左右的买卖价差的，这也是你的交易成本，需要考虑进去。换句话说，你在汇率上的收益要先覆盖掉买卖的成本，才能算不亏。

选择定期存款当然比活期收益好些，不过即便是 2016 年底美国加了一次息，2017 年又加了三次，国内美元的存款利息还是要低于人民币的。换句话说，即使做定期存款，也只有美元升值的幅度，超过它与人民币之间的息差，再超过你最后换回人民币的汇率波动，你才算真正实现了规避汇率贬值风险。

其次，手持美元也可以选择一些投资产品，承担些风险，以换取更好的回报。可以选择美元计价的海外债券，一般 3 ~ 6 个月派息一次，年期有 1 ~ 10 年甚至更长，对于喜欢定息类而又较保守的投资者，是不错的选择。不过债券除了要承担信用风险，价格也会随着市场利率和供需关系而波动，并非是保本的。而且此类债券投资起点较高，一般都在 10 万美元，所以普通投资者，在投资之前，还是要掂量一下自己的腰包的。

除了海外债券之外，市场上也有少部分起点低一些的外币理财产品可供选择，比如结构性外币投资产品，或者外汇期权类产品。不过要提醒大家的是，投资前一定要仔细了解产品结构，看清合同中标明的条款，是保本浮动收益的，还是非保本的。比如某类外汇期权类产品，看似投资期限较短，有些销售人员甚至会以这是一款"保证收益"的产品而吸引投资者，但事实上，此类产品的收益确实在投资前就可以确定，但是并不保证本金，对于风险承受能力达不到中上，或者没有其他币种真实需求的客户，都是不建议选择的。

另外，国内有很多 QDII 类的基金产品，可投资于全球市场，可以使用人民币参与投资，因为多数 QDII 产品是人民币款，追踪的是美元标的，所以人民币对美元的涨跌幅就会扰动基金表现。如 2016 年人民币贬值了 6.5%，如果在 2016 年年初用人民币投资海外，等到年末结算时，再将外币结算回人民币计算产品表现。如果产品本身的收益是 9%，而人民币先卖后买有 6.5% 的收益，这样人民币款产品总的收益就是 9%+6.5%=15.5%，会看到 QDII 产品涨幅很高。而 2017 年人民币升值 6.3%，如果 QDII 产品美元款收益 7%，而 QDII 人民币款的收益就仅为 7%-6.3%=0.7%。

那么，终极问题来了，是不是每个人都需要参与外汇投资，以抵御人民币贬值风险呢？同时，如果要参与外汇投资，什么是"合理的资产配置比例"呢？

对于可投资资产量在 1000 万元以上的超高净值人群，其中的很多人已经开始了海

外资产配置，比如送孩子出国读书、全家移民、海外置业等。由于国内有每人每年 5 万美元的购汇限额，我们建议在合理范围内，按需、分期分批进行购汇，以降低汇兑成本。在换汇的时候，如果资金量大，也可以向银行提出询价的要求，获得更好的汇率。同时在操作上，选择正规金融机构，不要盲目为了防贬值，一步到位，而采取一些非法手段，最后造成经济损失。

对于可投资资产量在 1000 万元以下，500 万元以上，且收入来源和消费都在国内的投资者，从分散投资、防范单一货币风险的角度，可以适当配置些美元资产，但不要超过整体资产的 10%，毕竟美元不是你的常用货币，既不能在国内流通，相对于人民币，投资渠道和回报率也都非常有限，所以要控制好投资比例，才能起到分散持有单一货币风险的效果。

如果资产量达不到上述量级的投资者，人民币小幅缓慢贬值，对我们的投资以及日常生活，并不会造成特别大的影响。人民币贬值，不等于通胀，更不等于恶性通胀；汇率下行，也不意味着国内物价随之飞涨，钱袋子快速缩水。我们建议还是把投资关注的重心，放到如何在国内市场做好投资，提升自己的整体收益率上来。毕竟这是比单纯忧虑人民币贬值这种汇率风险，要重要得多的事。

第24天 总结

境外资产配置是近几年比较火的一个话题。很多投资者看到人民币出现贬值趋势，就担心手里的钱会大幅度缩水，于是赶紧跑去银行换美元、去香港买保险……这种做法并非聪明之举。对于资金量比较高的投资者来说，分散单一货币持有的风险，适当配置些外币资产，的确是有必要的。但对于大多数普通投资者来讲，盲目地将资金换成低息的外币，而又受限于资本管制，找不到好的投资品种，从另一个角度来看，会错失很多人民币的投资机会。

私募股权
并非高净值人群的"特供"

　　不知道从什么时候开始，投资市场上忽然传来了
一句"人无股权不富"，仿佛晴天炸雷，把原本只知埋
头炒炒股票、买买基金、算算银行理财的普通投资者
都给震得浑身一哆嗦，纷纷抬起头来瞪大双眼，目光
炯炯地聚焦着核心关键字——富！

　　是啊，谁不想富啊，但凡能找到一夜暴富的好办
法，每个人恐怕都想削尖了脑袋参与其中吧！

上网一查，嚯！什么"百度上市，一夜造就 200 位千万富翁""阿里巴巴上市造就数十个亿万富豪，马云成首富""中国前 100 名的富翁，没有一个不是靠原始股权投资"……无数的造富神话，引领投资者们不由得想要去探索——这玩意儿到底怎么投？！

再一看，想投的话手续还挺简单的。先在网上注册，然后提交点资产证明的材料，选项目，交钱，就可以参与了。网上说，这叫"领投＋跟投"的模式，由一位经验丰富

的专业投资人作为"领投人"，跟投人只要选择跟投就行了。哎呀，之前以为这是有钱人的游戏，以为是多难的一个投资呢，原来我们也可以跟着赚上一笔呀，感谢互联网，让我们可以"人人做天使"，帅气！

　　等等！对于你马上想要投资的项目，你有过调查了解么？

　　或许你想说，这还用特意去调查么？那些领头人都是厉害的投资人呀，据说他们就是早年投资暴风影音的那帮人呢。暴风影音，就是上市之后天天涨停板的那个，那 K 线

图，简直就是少先队敬礼的造型，真是羡煞人也。你想啊，这种有高手背书的产品，肯定错不了啊！你快别问来问去的了，赶紧跟我一起买吧，再磨叽，上不去车了，富不起来可别怪我哟……

我想说，你先别急着羡慕，先听我给你讲讲"幸存者法则"好么？

所谓幸存者法则，是说当你的消息来源，是来自那位幸存者的时候，可能他所提供的信息，并不是完整的，也就是说，并不具备绝对的参考价值。套用在投资领域里也是一样。你确实是看到暴风影音一路飙涨，当年通过私募股权投资了它的人都赚到了钱，可你知道那些通过暴风影音而被人们所知晓的"投资大咖"们，除了暴风影音之外，还投资了多少项目？而那些项目，究竟是同样成功，还是默默失败了呢？如果他们都成功了，为什么你只听说了暴风影音；而如果是失败了，他们自然不会到处宣扬。所以，你又怎么可能会知道呢？一个暴风影音站起来，同时背后可能会有千千万万个骤雨影音倒下去，如果你只是被大肆宣扬的成功案例赚了多少钱而迷住双眼，又怎么会有心思去调查，成功和失败的概率究竟是多少，背后的风险有多大呢？

可能这会儿你还是不甘心，心想投资不是都有风险吗，那看看数据不就好了嘛，要是不多，即使有点风险，也是可以承担的嘛，毕竟，弄好了能翻好几倍呢。

要知道，私募股权投资，跟之前我们介绍的公募基金可是完全不同，它可不是"有点"风险这么简单。

这里所谓的股权，是指非上市公司股权，或者上市公司非公开交易股权，通过被投资的企业估值提高，来获取资本利得。投资时一般会制定退出策略，如果投资的企业成功上市或者并购退出，那么投资人就有机会获得高额收益。而私募的意思，即是非公开，仅对特定群体发行的风险投资类产品。私募股权投资基金，属于一级或者一级半市场。与我们之前讲的投资于二级市场的股票型基金相比，虽然投的也是股权类资产，名字也叫基金，但却是完全不同的投资品种。

在早些年，一级市场是一个普通人触碰不到的领域，由于参与门槛较高，都是一些机构投资者参与其中，并不面向散户发行。那时的散户，即使你再有钱，最多也只坐得进证券公司的大户室而已。而现如今，投资迎来了"新时代"，只要你钱够多，胆子够

幸存者法则
SURVIVORSHIP BIAS

所谓幸存者法则，是说当你的消息来源，是来自那位幸存者的时候，可能他所提供的信息，并不是完整的，
也就是说，并不具备绝对的参考价值。套用在投资领域里也是一样。

大，市场上满坑满谷的私募股权类产品，可以任君挑选。淘宝可以投，乐视可以投，万达也可以投。只要有勇气，我们这些普通人，在资本市场上好像也能跟那些投资大佬扯上点儿关系了。

很多人或许想知道，私募股权投资的过往回报率和风险是怎样的，并想以此为依据，来判断是否值得参与。那我们不妨先给你一些来自大洋彼岸——美国的数据，毕竟美国是成熟的发达经济体，数据也是具备参考价值的。

在美国的私募股权类投资机构中，黑石集团上市较早，信息披露也较为全面详细，是一个比较好的对比样本。截至2014年，黑石集团共管理了6只综合性的私募股权基金，和2只专业性的私募股权基金，分别是投资通信行业和能源行业。

从基金整体运作上来看，对于综合性的私募股权基金，黑石严格执行投完一只再募集下一只的政策，时间完全错开；各只基金的投资期比较接近，从4年到7年不等；基金完全退出的时间都在 10 年以上，最长的一只甚至达到 18 年；目前大多数基金都还未完全退出。同时，黑石的各个基金表现不一样，有不到 7 年就收回全部本金的，并在回本当年的本金覆盖率达到 175%。而其中规模最大的一只基金，预计共用 10 年收回本金，在第 9 年本金覆盖率为 88%。

从成熟市场上的历史数据来看，黑石基金给投资人带来的并非暴利；同时，随着基金规模急剧扩大，业绩也变得相对不稳定——不同时期、不同项目的回报率，差异化还是非常明显的。

虽然中国的私募股权没有美国运行得那么成熟，且成立时间也大多不超过 10 年，但也有些信息可以分享给大家。在基金业绩层面，以 IRR（也就是内部回报率）作为基本标杆，自 2004 至 2014 年，行业的中位数基本高于 25% 的年化内部收益率，而优秀基金（前 25%）的业绩水平甚至超过了 30%。这一业绩水平，要远远高于传统的投资手段，确实体现出了私募股权投资行业的高收益特征。

但我们也不能把目光都集中在 25%、30% 这些数据上，要知道，投资失败的可能性是永远存在的！如果选择错误的基金管理人，就有可能带来极大的投资损失。即使在美国，风险投资的失败率也在 60% ~ 80%，如果没有做好投资 20 ~ 30 个项目的心理准备，那你还是低估了私募股权投资的风险。曾有业内人士与我们分享说，在中国的风险投资领域，50% 的钱都是捐掉了，40% 的钱大概是打平的，剩下 10% 才是真正赚钱的。而这 10% 里，做得好的话，可能带来两三倍的回报，但从整个行业来看，还是存在着很大风险的。尤其是在当前鱼龙混杂的行业环境下，仅有前 10% 的基金管理人能为投资人带来长期和稳定的股权投资收益。因此，在中国的私募股权投资市场上，选择基金管理人，是一个更为突出和严肃的话题。

而恰恰出于私募股权基金的"私有"特征，各基金的业绩信息属于核心数据和机密信息，基金管理人一般仅向其投资人披露其基金管理业绩，外界是难以获知真实和动态的基金业绩的。这跟之前我们投资二级市场的情况有非常大的差别，也蕴含着暗流涌动的风险。

比如你在二级市场投资，无论是买股票还是买基金，每天赚了亏了，信息都是能看

见的。而当市场提供一个公开的交易平台和清晰的波动价格的时候，我们就可以相对容易地做出买入或卖出的决定。稍微专业些的投资者，还可以根据基本面和技术面的分析，做出更理性的判断。但一级市场则不然，投资者们对自己资金的投资去向、所投资项目的实际亏损和收益，根本无从追踪，更无法根据市场的变动，去检验自己的投资，或者做出终止的决定。所以，就私募股权属于长期投资这一特性而言，流动性风险，是在投资前，一定要考虑到的。也就是说，真的要是未来 10 年左右的时间里，你都用不上的钱，才可以考虑拿去投资。但换个角度想，如果是用了 10 年的投资期，换回高于二级市场的回报，也并不能说明私募股权投资的"性价比"就很高。从某种程度上讲，高出来的那部分回报率，可以看成是投资者资金锁定的"流动性"溢价，并非代表着私募股权产品的投资"性价比"就高于其他产品。

所以，从控制投资风险，以及整体资产流动性的角度来看，如果不是专业的投资人，在私募股权总体上的投入金额建议不要超过家庭金融资产的 10%。即便是真的要投，也要找专业人士分析过才好。如果觉得水太深，那我送给你一句话——看不懂就不要投吧。

第25天总结

在"人无股权不富"的宣传和吸引下，私募股权在最近几年走进了很多投资者的视线，尤其是一些高净值人群，怀揣着成为新一代天使投资人的梦想，在根本看不懂产品结构，对风险也不尽了解的情况下，冲入了私募股权市场。相比较其他投资产品，私募股权类产品投资期限很长，资金占用率较高，信息透明度较低，这些都是风险。投资前一定要考虑好手中的资金流动性，同时控制资产配置比例，避免单一产品风险。

Fund

Gold

PE

04 第四章
CHAPTER
FOUR

持续打胜仗的秘密：
后续管理

资产配置再平衡
下一轮繁荣的保证

　　本书读到这里，如果你在每一章节的学习之后马上就行动起来，那么这时候你或许在想：投资理财这座大房子，我地基打好了，房子盖完了，装修家电都搞定了，也舒服入住一段时间了，接下来应该就可以坐下歇歇，享受生活，坐等市场帮我赚钱了吧？！

　　嗯，你想要坐等赚钱这个愿望是好的，不过，你也一定想赚得更多吧？那么你就需要资产配置再平衡策略来助你一臂之力了。

为什么我们要做资产再平衡

为了解决你做了一段时间理财之后，仍不知道盈利了如何落袋为安，和亏损了要不要低位补仓的问题，让资产定期回到配置的最优比例是非常重要的，这样是为了使风险得到管理，还能起到稳健增值的作用。所以说，不光要会买，还要会管理，不然的话，最后只能是"留不住"的"赚过"。一起来看看具体解释吧。

随着市场的波动，我们配置的各类资产的价格也会发生变化——比如你遇到牛市行情，我们的股权类资产就会快速升值，而与此同时，由于债权资产收益的相对稳定，资产价格不会像股权类涨得那么快，于是，几类资产由于"步调不一致"，在整体配置中的比例，也会发生变化。

举个简单的例子，假设你的投资本金是 100 元，经过风险测评的结果，找到对应最优的资产配置比例是 50% 的股权 +50% 的债权，那么你用 100 元中的 50 元，买入了某股票型基金，用另外的 50 元，买了某债券型基金。

随后，你运气不错，遇到了一波大幅上涨的行情。股票型基金直接翻了一番，期初 50 元的股权类资产就变成了 100 元。但与此同时，另外 50 元的债券型基金，并没有明显的上涨。这时，你手中的总资产，就从 100 元变成了 100（股权类）+50（债权类）=150 元。

此时股权类资产的占比是多少呢？
100/150=66.7%

此时债权类资产的占比又是多少呢？
50/150=33.3%

看到了么？最初 50%+50% 的资产配置比例，已经随着市场的上涨而出现了变化，变成了 66.7%+33.3%（见图 4-1），貌似跑偏了……

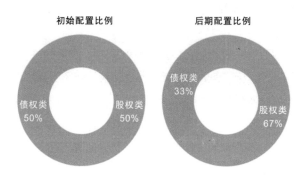

图 4-1　资产配置比例变化图

　　这时，你就不能再继续优哉游哉地幻想着坐等赚钱了，而应该赶紧起身，撸起袖子把比例调整一下，也就是我们所说的，完成资产配置的再平衡。

　　那具体要怎么做呢？其实也很简单。我们只要把超出比例的股权类资产，比如持有的股票型基金，卖出一部分，买入债券型基金，将两者重新调整至各自 50% 的比例，那么资产配置的再平衡就完成了。

　　同样的道理，当我们遇到熊市的时候，股权类资产的价格会迅速下跌，其在总资产中的占比也会下降；而债权类资产，由于相对稳定，并未亏损或亏损不大，占比则被动升高。这时，就应该把债权类资产卖掉一部分，买入股权类，以将比例调回"最优解"的状态。

平衡风险和回报的诀窍

　　再平衡策略，可以为资产配置的投资者提供以下两种好处：

　　首先，从长期来看，投资股权类资产收益会较高，但价格波动性也大，如果做好了一个资产配置的组合而不进行任何管理的话，那么随着时间的推移，市场的稳步上涨，我们的组合中会有越来越高的股票配置，同时组合波动率也就越来越受到股票价格波动的影响，也就逐渐远离了资产配置分散风险的初衷。所以，如果想要保持一个真正分散的投资组合，那么对其进行再平衡是后续管理必不可少的一步。

其次，每个人在投资的时候，都希望自己能够准确地抓住市场的高点和低点，果断而理性地高位减仓、低位加仓，实现资产的快速升值。然而我们每次出手，往往都是不遂人愿——都是神奇而精准地买在高岗上，最后深套在低谷中……没错，预测市场，即使对于专业投资者来讲都是困难的，更不必说我们这些每天忙于工作的普通人了。但在刚才资产配置再平衡的过程中，我们就会发现，在市场上涨的时候，我们卖出的是股权的部分，也就是做到了高位减仓；而市场下跌时，我们卖出了债权部分，补入了股权，也就是低位加仓。那些过去看似困难而无法做到的低买高卖，可以通过资产配置再平衡策略来实现，进一步提升了投资组合的回报。

接下来我们引入一些历史数据，给大家看看资产配置再平衡在实际操作中的效果。

我们在第 1 章里，曾经以 2011 年 4 月 1 日至 2016 年 7 月 22 日的市场数据为例，为大家做过测算，五年多的时间里，上证 50 指数从 2126 到 2157，涨了 1.45%。换句话说，如果不用资产配置，只是傻傻地在股市里追踪指数的话，你五年下来的总收益，只有 1.45%；而只要简单做一个资产配置的组合，收益就可以提升到 17.5%。如果再加以每两个月一次的动态再平衡策略，五年的时间里，总体收益率将达到 35%，这与最初级的，将全部资金都投资在指数里，最终只有 1.45% 的收益相比，有了非常显著的提高（见表4-1）。

表 4-1　2011 年 4 月 ~ 2016 年 7 月，不同理财方式之收益对比

理财方式	收益率
仅持有单一资产（上证 50）	1.4%
资产配置　（55% 银行理财 +45% 上证 50）	17.5%
资产配置 + 再平衡（55% 银行理财 +45% 上证 50） （每两个月一次比例调整）	35.0%
资产配置　（55% 银行理财 +45% 中上等基金）	51.0%
资产配置 + 再平衡（55% 银行理财 +45% 中上等基金） （每两个月一次比例调整）	97.0%

当然，收益提高的同时，我们也要看看风险，如果获得高收益的同时，还承受着高的波动，那说明策略有效性也并不强。而从数据上来看，我们通过资产配置＋定期再平衡策略所投资的组合，波动率仅为 12%，而直接买指数的波动率是 26%，高出了一倍还多。也就是说，我们通过科学的资产配置，配以定期的再平衡策略，在收益增加的同时，波动率也降低了。如此简单的操作就收到了"双丰收"的效果，是不是此处应该有掌声了？

当然，仅做到这些，并不能满足我们精益求精的目标。从既往的历史数据来看，中国市场上的大部分主动管理型基金，业绩表现是比市场要更好一些的。因此，如果我们能够再精选出一些优质基金进行投资，收益将会更上一层楼。比如，我们把上证 50 指数换成一只排名在前 20% 的基金，按照混合型基金总量 1500 只左右计算，也就是挑选一只排名在前 300 名的基金，同时进行每两个月一次的动态调整。那么刚才的组合表现，收益将可以从 35% 提升到 97%，同时，波动率则从之前组合的 12%，再次降低到了仅为 9.7%。

"四季皆有风景"，靠再平衡能做到吗

既然再平衡的策略如此有效，那么应该多久"动"一次呢？我们建议大家从以下两个维度考量：时间和比例。

从时间维度来看，结合中国市场过去一贯的牛短熊长、趋势震荡的行情，我们通过大数据的量化测算，发现每两个月调整一次效果最好。也就是说，每两个月观察一次资产配置中各大类资产比例是否偏离，并适时卖出超占比资产，补入占比偏低资产。这种做法我们称之为被动再平衡策略。

除此之外，如果市场近期动荡较为明显，也可以跨越被动的时间维度，按照与标准配置偏离的百分比，设置再平衡的触发条件，比如当资产比例偏离超过 20% 时，主动进行一次再平衡。具体来说，对于最优资产配置模型是 50% 股权 +50% 债权的投资者来讲，如果市场在短期内发生大幅度的上涨，使得股权的占比达到了 50%×(1+30%)，即 65%，那么，就应该对股权资产进行适当卖出，将比例调至最优比例。这种做法也叫主动再平衡策略。

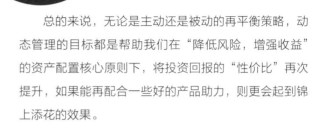

　　总的来说，无论是主动还是被动的再平衡策略，动态管理的目标都是帮助我们在"降低风险，增强收益"的资产配置核心原则下，将投资回报的"性价比"再次提升，如果能再配合一些好的产品助力，则更会起到锦上添花的效果。

　　最后我们也要建议大家，对于配置比例的适度偏离，无须过分紧张甚至盲目调整，要知道，每一次的卖出、买入，都意味着交易成本，而频繁的交易带来的成本提升，也会蚕食掉我们的部分收益。在控制成本这一点上，我们可以将日常现金流管理与资产配置再平衡结合起来，将手中不定期的现金结余，直接投资到比例稍微偏小的资产类别中，保证资金不被闲置，同样可以积少成多地提升整体收益率。

第 **26** 天
总结

市场永远是涨涨跌跌，琢磨不透。如果不及时进行管理，只是放任资金随波逐流，很有可能几年下来，经历一波行情而毫无收益。而资产配置再平衡，则是一场获取波段收益的"免费午餐"。通过定期对股权、债权、商品及另类资产的总体比例进行调整，就可以实现阶段性的"高位卖出、低位买入"，进而提升整体收益。

灵活操作
适合中国市场的策略

在掌握了科学理财四步法之后，如果想要精益求精地追求收益更大化，那么就需要在资产配置比例的大框架下，寻找波段的投资机会。

如果我们能够判断，短期有趋势性的上涨或下跌行情，就应该适量地增加或减少股权配置的占比。不过从理性角度考量，由于我们对市场判断的正确率也是有概率的，且上涨下跌的幅度很难判定，所以，较通常的做法是，每次动态调整标准配置比例，不宜超过股权占比的1/3，以防止踏空或者卖错。通过这种仓位管理法，可以降低不确定性。

比如，从2016年5月初，市场经过长期的震荡，跌到2800点左右后，我们判断市场已经出现了底部特征，于是决定将手中的股权资产加仓到7～8成仓位。而在之后的一小波上涨后，将仓位降至5～6成，随后在6月底指数再次回到2800点时又加仓到7～8成。

　　当时为什么要如此处理呢？主要是基于对市场的判断和过去的经验。首先，经历了2015年6月的下跌，加上2016年年初的两轮熔断式下跌，当时市场已经处于相对低的位置了，虽然没有人知道最终的大底在哪里，但肯定是底部区域，保持一半以上的底仓是很必要的。可惜底部从来都不是一次成型的，在这个阶段的反复也是必然的。所以我们在底部的相对低位买入，在波段反弹的相对高位卖出，用2～3成的"游击"资金拉低成本，既保证了资产配置的大方向不错，又抓住一些小机会以增加收益。

　　下图是我们在2016年底至2017年底，曾经对投资者给出的操作建议。在2016年12月初，市场经过一段时间的上涨之后，出现回调迹象，我们建议客户将手中的股权资产进行减仓，至5～6成仓位。在2017年2月，当时我们发现市场呈现存量资金博弈状态，机构开始抱团选择估值低的蓝筹，导致股票1:9分化（仅少数个股强势上涨，多数个股弱势下跌），于是我们建议加仓增配蓝筹，并在 1 个月之后提醒将盈利的蓝筹部分卖出，落袋为安。随后市场再次出现回调，我们在 4 月 20 日提示少量加仓蓝筹指数基金至 7 ~ 8 成仓位。此笔加仓收益颇丰，至 2017 年年末涨幅超过 10%。随着市场的上涨，又建议适量减仓部分涨幅较高的蓝筹基金。在 2017 年年末市场回调后，提示少量加仓蓝筹和中小指数基金，市场之后如预期反弹。正是这些大比例下的小波段，成为了我们整体收益稳中增强的"小甜点"，让我们品尝到了阶段性盈利的甜头。

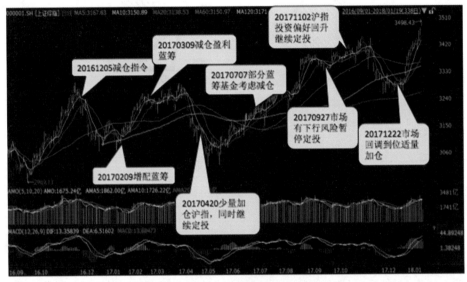

图 4-2 7 分钟理财在不同时期对市场的加减仓指令

资料来源：7 分钟理财。

不过，在此也要提示大家，这样的波段操作，需要在专业人士的指导下进行，大部分普通投资者是很难有时间、精力以及足够的专业度去分析市场并把握机会的。而波段性机会带来的短期获利，又很容易使人把目标再次拉回到简单的赚钱二字上，盲目地追求收益而忽略了坚持配置的重要，最终走到"一夜回到入场前"的老路上。

基金赚 / 亏 20%，
我们怎么办

人们常说一句话——会买的是徒弟，会卖的才是师父。没错，做出一个投资决定，小步快跑地入场，总是相对容易的。但入场之后，每当投资出现盈利的时候，我们往往舍不得卖出，一不留神就错过了落袋为安的最佳时机。而出现亏损的时候，我们往往又开始犹豫到底是果断割肉还是坚持价值投资，思来想去的过程中又被市场深深套住……

图 4-3　产品替换看什么

在波动的市场下，如何"处理"手上那些亏损的基金，大致有这样几个考虑的维度。

第一步，看一下产品占你投资总金额的比例是不是过大，如果过大的话，需要适当卖出。

在资产配置的过程中，衡量配置是否科学的维度之一，叫"资产集中度"，意思是某单一产品占你可投资资产的比例是多少。如果一款产品的持仓比例过高，即使它目前收益可观，你的整体投资风险也是被相对集中的。换句话说，你的整个资产组合的收益和波动，都会与这款产品的表现大比例相关。这就偏离了我们追求分散风险，获取整体投资稳健收益的目标。一般来讲，单一产品的持仓比例不应该超过全部可投资资产的10% ~ 15%。超过这一比例，无论盈亏，都应该考虑适当减持该产品。

第二步，需要对基金本身，进行质量判断。

"现任基金经理能力排名""基金过往盈利、风险指标"等基础维度，在前面的章节中我们已经介绍过了。在这里，我们再给大家介绍一个比较简单可行的基金判别方法，就是把你持有的这款基金近期的表现，与其相应的指数走势做一个对比。比如你买的是大盘股基金，那就跟大盘指数对比；如果买的是中小创基金，那就跟中小创指数对比；买的是一带一路概念基金，就与相应概念指数对比。如果对比下来，发现自己持有的基金近期跌幅较大，表现持续弱于指数，换句话说，眼前的亏损，并非板块轮动影响所带来的，那么在可以预见的短期内，它也难以迎来大幅度的反弹，就可以初步定义该基金质量不够好，要做好卖出的准备。

第三步，展望投资环境。

上面提到的前两步是从客观上，在现阶段对基金本身进行判断。可是我们做投资决策，投的是未来，光判断眼前的客观因素并不够，还应该结合未来的市场投资展望，对持有的基金进行综合判断。而这一点，则需要大家适当做些功课，关注一些券商或者机构的分析。在接下来的市场走势分析中，是博弈行情中大盘风格会表现更好，还是活跃市场下的中小盘会表现更好？哪些板块和操作风格可能存在超额回报的机会？再结合自己持有的基金进行考虑。如果追踪某些指数的基金，或者基金重仓某些板块，在未来一段时间不被看好，也要考虑适当减仓。

第四步，观察手中基金的前十大持仓股，是否蕴含风险，以及基金公司是否面临某些舆情风险。

比如前十大重仓股中，有近期风险过大或因停牌而可能导致未来不确定性增大的股票，或者有基金公司因为老鼠仓而被查等消息，都可能导致该基金遭到抛售，进而影响基金表现。

第五步，对持仓基金组合进行审查，看持有产品的相关性高不高。

有些投资者喜欢对照当前收益率，选择排名靠前的基金，最后把第一名至第五名都买了一遍，觉得这样就放心了，而结果往往使得自己的基金持仓比较集中。其实道理很简单，基金近期收益率高，说明市场整体涨得好，尤其是某些板块表现特别亮眼。而基金如果刚好重仓了这些板块，那它们的收益一定都不错，连着把几只收益都不错的买下来，就意味着同时投资几个相同板块的概率非常的高。而一旦这些板块出现回调，则几只基金可能同时下跌。所以我们一般建议大家不要让自己的基金持仓过于集中，会导致"一荣俱荣，一损俱损"。而在投资的过程中，控制风险保住本金，有时比博取收益更重要。所以，如果目前持有的基金中有几个风格特别一致，都重仓同样的某几个板块，则要考虑卖出一些。

第六步，怎么买，怎么卖。

在这里，首先要表明一下态度——虽然我们不建议大家短线频繁交易基金，但是基金也不能一直"抱"在怀里，需要经常关注它的表现，并做一些买入卖出的决策。而不管是一次性投资还是定投，都需要结合市场来判断是否要卖出。如图 4-4，是连续定投沪深 300 和选择在高点适当卖出，两种不同的操作决策在收益率上的对比。这里的"沪深 300 连续定投收益率"是指从 2007 年市场高点开始，每月持续定投某沪深 300 基金，持有期的盈亏情况；而"经调整沪深 300 连续定投收益率"是指同样从 2007 年市场高点开始定投，但是在 2017 年 10 月和 2015 年 6 月两次牛市高点，各赎回 30%的基金，随后在市场下跌之后再买回来，持有期的盈亏情况。截至 2017 年 8 月底，10年的时间，连续定投沪深 300 的收益率为 67%，而"经调整后"的收益率为 158%，

绝对收益高出了约 90%。所以说，基金投资，会挑、会买，很重要，会管、会卖，更重要。

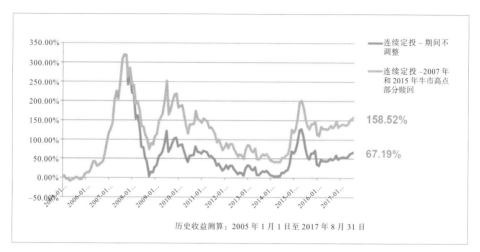

历史收益测算：2005 年 1 月 1 日至 2017 年 8 月 31 日

图 4-4 沪深 300 连续定投 vs. 高点适量卖出

数据来源：Wind，7 分钟理财测算。

那么，在实际操作中应该如何确定要不要卖呢？大方向是要结合市场和产品的表现，比如经过上述第一步、第二步的判断，基金持仓比例超标或基金本身质量有问题，那么即便目前是亏损的状态，也要忍痛卖出。这里我们建议的卖出方式是"置换"，也就是在同样的市场点位下，买入同样金额的其他优质基金。而如果基金本身质量没有太大问题，但经过第三步、第四步的判断，市场或基金本身恐有大幅下跌的风险，那么也应该卖出。不过这次的卖出，不是为了置换，而是为了在未来更低的位置再买回来。而如果市场没有大幅下跌风险，但手上的基金因为之前买的点位较低，现在赚了不少了，也可以适量"止盈"。

相信很多经历过基金亏损的投资者，看到这里都会有个疑惑："市场未来可能会有风险，现在最好避避风头，所以要卖出，这个道理我懂；过去已经涨了很多了，得知道落袋为安，所以要卖出，这个道理我也懂。但你刚说的这个置换，我真是有点不懂了，再怎么换，那不也是得卖出么……可是我的基金亏着呢，你让我卖，我好难受啊……"

是的，你的难受，我懂。可是抛开这些感性的情绪，我们还是得理性地面对投资。市场在上行过程中，绝大多数基金都是上涨的，只是涨多涨少的问题，而市场在下跌过程中，绝大多数基金也都是下跌的，只是跌少跌多的问题。如果我们看到某只亏损基金存在比例过大、表现相较同类不佳、有个股踩雷等上述提到的问题，不想持有了，该怎么买呢？是直接卖掉，止损不玩儿了？可是市场又涨了岂不是卖早了？要不等等再卖？但是，如果等一等，市场又跌可怎么办呢？所以，解决不确定性的最好方式，就是"置换"。把这只不好的剔除，同期换入一只同类相对较好的。这样一来，无论未来市场上涨还是下跌，好的基金都有可能比差的基金涨得多跌得少，调整后总体对我们是有益的。当然，如果能结合行情判断置换的时机，是更精准的方法。比如市场在相对高位时，先把差的基金卖掉，等市场跌了以后，再把想置换的优质基金买回来。

好了，照顾完了亏损者的情绪，我们最后帮帮账面上已经赚到钱的朋友们也把把关——基金投资之后，应该如何止盈呢？

这里所说的止盈，也是指经历了前面五步判断之后做出的决策。基金止盈其实是没有一个标准化的方法的，毕竟每个人的投资预期是不一样的，有的人看眼下，认为能够跑赢同期定期存款的收益就可以了；而有的人看未来，觉得马上牛市要来了，我得赚个翻倍才过瘾。不过，无论你的投资预期是什么，即便是达到预期的那一刻，人性的贪婪还是会让我们陷入一个两难的抉择——既觉得收益不错了想赎回，可又怕万一赎回后市场上涨错过更多的收益。

怎么解决这个问题呢，我们可以用下面这个简单的方法：

第1步：自己预先设一个止盈收益率，比如10%或者X%，到了就出1/3；

第2步：收益到2倍的X%了，再出1/3；

第3步：等待下一个牛市，至少50%以上收益，再出剩余的；

其他时候，坚持定投。

　　值得一提的是，在实际操作中，普通投资者大多很难做到时刻关注基金表现是否大幅度偏离相应指数基准，或者判断行情指标，从而第一时间做出正确的持有或卖出决定，这需要投入大量的精力，以及通过数据运算设定相应的预警值。所以有条件的普通投资者，也可以寻求专业机构的指导，以期能够及时做出调整。

第**27**天
总结

　　对于手中亏损的基金，一定不要盲目地止损或加仓，需要对基金的表现进行分析后再做判断。找到基金的业绩基准进行对照，如果是近期表现一直不佳的基金，可以分期分批调仓至综合测评较好的基金中；而如果是基金因重大风险事件导致业绩下滑严重，则可选择一次性调仓。而对于那些仅是因为市场轮动或其他因素产生亏损，本身业绩并不输于基准的基金，则可继续持有甚至适当加仓，但同时也要控制单一产品的比例不要过高。

　　至此，相信大家已经基本掌握了科学理财的核心价值观——知道了资产配置的核心，分散投资的重要性，学会了如何量化自己的风险承受力并找到适合自己的"最优解"，明白了如何挑选适合自己的投资产品，理解了怎样通过资产配置再平衡策略管理自己的投资组合，并感受了坚持大比例下寻求波段操作以增强收益的可能性，从过去的听说到后来的知道、清楚，再到真正的落地实操，我们正在一步步地接近科学理财的真相。相信我们最终的理想——实现真正的"赚到"，就在不远的前方。

05 第五章
CHAPTER
FIVE

投资，
永远在路上

中国市场，到底适不适合长期投资

在和很多投资者交流的过程中，我们发现一个很多人面临的难题——大家都知道应该坚持长期投资，但是在实际操作中，往往坚持不下来。其中一个最重要的原因就是，由于市场固有的波动性，每当股票市场下跌，跌幅超过内心能承受的底线时，很多投资者就再也坐不住了，好像这时不做点什么很快就将一无所有了，而往往这个时候做出的决定，是最不明智的……

事实上，只要我们能够勇敢地熬过那些波动的时期，风雨过后，市场还是会厚待我们的。请看沪指的数据（见图 5-1）。

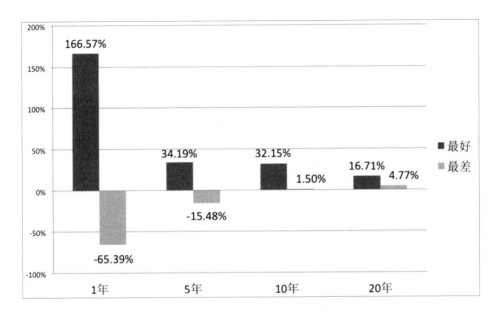

图 5-1　沪指在不同投资年限下，获得的年化收益的最好及最差情况
资料来源：Wind，7 分钟理财测算。

　　图 5-1 是中国股票市场从 1990 年到 2016 年，不同投资年限下的年化回报范围。在横坐标上，我们将投资区间分为了 1 年、5 年、10 年以及 20 年，柱状图代表着在过去的 26 年间，如果投资者选择在其中任意的 1 年、5 年、10 年甚至是 20 年参与投资，可能获得的年化回报率的最好以及最差情况。

　　从图中我们可以看出，如果投资者的持有周期比较短，比如 1 年，那么他从股市中获得的回报会有非常大的不确定性——如果他运气好，可能获得最高 166.57% 的年化回报，但如果运气不好，也可能 1 年的时间就要损失掉 65.39% 的本金。但如果我们将投资期限拉长，投资回报的最好及最差情况的范围就会大大缩小。比如我们持有周期达到 5 年，年化投资回报最好及最差情况将变为 34.19% 和 -15.48%。而如果我们愿意更长期地参与市场，可以持有超过 10 年的投资期，那么无论你参与的是哪个 10 年，即使是最差的情况，也将会获得 1.5% 的年化回报，而不会出现亏损。如果我们能够持有超过 20 年，哪怕是最倒霉的 20 年，我们的年化回报也将达到 4.77%，基本可以保证投资本金的购买力不下降（见表 5-1）。

表 5-1　沪指在不同投资年限下，获得的收益最好及最差情况

中国股市实际年化收益率（1990～2016）				
投资周期	1 年	5 年	10 年	20 年
最好	166.57%	34.19%	32.15%	16.71%
最差	-65.39%	-15.48%	1.50%	4.77%

资料来源：Wind，7 分钟理财测算。

为什么我们自己炒股，总是经历大涨大落，而长期来看，股市的表现则要稳定得多呢？

这就要从股市回报的来源说起了。

通常来讲，股市的投资回报分为两类——基本面和投机面。基本面是指股票自身属性给予投资者的回报，包括公司的分红和盈利的增长。投机面主要反映了大众对于市场的悲观或者乐观情绪，一般用市盈率倍数来反映：如果投资者比较乐观，那么所有股票的价值都会被推高，市盈率倍数也就较高，即便是垃圾股，价格也会跟着上涨；而当投资者对市场普遍悲观的时候，所有股票的价值都会因抛售而下降，市盈率倍数就会较低，即便是业绩非常稳定的大蓝筹，也较难幸免。比如 2015 年上半年，市场充满了乐观情绪，很多人像打了鸡血一样，甚至抵押房产去融资加杠杆炒股，期望指数会突破 6000、8000 甚至是 10 000 点。但到了下半年，随着政策的转向，市场情绪完全反转，从上天到入地，短短几个月的时间，市场上悲观情绪蔓延，出现了千股跌停的暴跌奇观。

然而，归根到底，市场无非是"人与人之间的游戏"，只要是人在参与，无论怎样的结果，都免不了人与生俱来的非理性的选择，而这一选择，恰恰影响着市场投机面的走势，使得市场出现了难以捉摸的趋势，让精准的判断变得越来越困难。然而无论在短期内，市场受怎样的投资者情绪影响而上下波动，从较长的时间维度来看，股票的基本

面给予投资者的回报都是可以预测并相对稳定的。投机面虽然变化无常，但随着时间的拉长，投机的因素大致会被相互抵消，从而出现长期投资下稳定的正向回报。

所以，如果投资者想在短期内从资本市场获利，则需要对短期的投资面（即投资者情绪）有非常准确的判断，也就是我们常说的，要择时而动。但大部分的普通投资者并不具备择时的能力，因此，想要从市场上获取到收益，比较"省力"的做法，就是坚持长期投资。

我们在书中一直坚持传递的资产分散的理论依据，来自诺贝尔奖获得者马尔科维奇提出的现代投资组合理论（Modern Portfolio Theory）。这一理论的核心，是建议投资者在投资的过程中，将各大类资产加入投资组合中，可以在不改变组合收益的情况下降低风险。

在这一理论的思路下，我们不应该单一而孤立地看待任何投资标的，而应该把它们归结在一起，作为一个投资组合来看待。比如你只关注自己家那套房子价格的上涨或者

手里贵州茅台的股票，都是没有意义的，理性的投资者应该把所有的资产全部放在一起进行研究。

而马尔科维奇在把股票、债券、黄金、各类基金、房产、外币等各类资产放到一起研究的时候，为我们发现了一道免费的午餐——由于这些资产之间的相关性不高，所以将它们分别持有一部分，可以在不损失资产回报的前提下，有效降低整个投资组合的风险，即波动性。

不过，分散投资的意思虽然不难理解，但大部分人却在实际操作中难以执行。这其中一个很重要的原因，是我们通常会认为分散投资在降低风险的同时，收益也会降低。而事实上，现代投资组合理论之所以能够获得诺贝尔奖，就是因为它证明了通过分散投资，可以在不影响收益的前提下，降低投资的风险。

我们先以成熟的美国市场为例，看一下过去 15 年来，如果分散投资股票和债券，在收益率被控制得当的情况下，收益是否会因分散而被稀释（见表 5-2）。

表 5-2　2002 ~ 2016 年，美国市场不同配置方式下收益率与波动率情况

2002 ~ 2016 年	100% 美国股票	50% 美国股票 +50% 美国投资级公司债券
年回报	11.5%	11.1%
年波动率	19.4%	9.1%
最大回撤	-53%	-30%

资料来源：Wind。

表 5-2 比较的是两个不同的投资组合，在 2002 ~ 2016 年的回报表现。从表中我们可以看出，在股票组合中加入公司债券，资金平均分配之后，组合的风险将从 19.4% 被大大降低至 9.1%，而收益率几乎相同。而与此同时，由于期间经历了 2008 年的金融危机，配置单一资产的最大回撤达到 -53%，而同期加入了债券的双资产组合，最大回撤仅为 -30%，相差接近一倍。

中国市场的数据也印证了这一点。以 2003 年 1 月到 2017 年 8 月的数据为例，虽然中国股市的波动率很高，但是通过长期的资产配置，我们发现了与美国市场类似的投资结果——全部投资股票，与 50% 股票 +50% 债券的投资组合相比，年化收益率的差

别只有 0.7%，但波动率却被降低了一半；同时，经过配置的组合，最大回撤也比单一配置要小了很多（见表 5-3）。

表 5-3　2003 ～ 2017 年，中国市场不同配置方式下收益率与波动率情况

2003 年～ 2017 年	100% 中国股票	50% 中国股票 /50% 中国债券
年回报	6.6%	5.9%
年波动率	25.3%	12.7%
最大回撤	−71.98%	−43.41%

资料来源：Wind。

当然，上述这些投资组合能够获得低波动性、高收益率的投资结果，一个非常重要的前提，就是坚持了长期投资。巴菲特说过，成功的投资，需要时间和耐心。即使付出再多的努力，再科学有效的理财方法，倘若没有时间这一神奇的助推器，这些高收益低风险的"完美结果"，也是不会发生的。

所以，给市场以时间，给资产配置以时间，给科学理财以时间，最终一定会获得回报。无论你当下的情绪有怎样的波动，在投资的道路上，请记得——抛开非理性，长期坚持！

第 28 天 总结

投资的过程中，我们都希望多获利，少亏损，但市场永远是涨跌互现，难以捉摸。能够穿越牛熊战胜市场的，除了资产配置这一理论框架之外，非坚持长期投资莫属了。即便是变化莫测的 A 股市场，只要坚持投资超过 10 年，最差的情况也不会亏钱。所以，不要再问我，为什么做了资产配置还亏钱了，那是因为你在市场里的时间还不够长。要知道，能够在牛市里大赚一笔的人，都是熬过了熊市的蛰伏而没有轻易离场的。在投资的道路上，时间，亦是一剂良药。

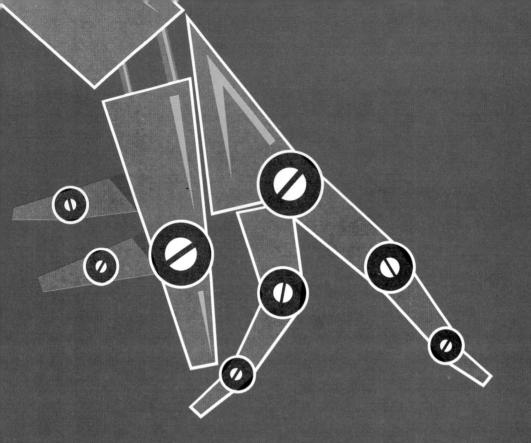

AI 时代来临，智能投顾哪家强？

随着人工智能、大数据、AI 等热词的兴起，在投资领域里，一个与之类似的名词也诞生了，那就是——智能投顾。

不知道大家最初听到智能投顾、机器人理财这些词的时候，第一时间都想到了什么。是有一个很聪明的"大白"在帮我炒股吗？它会帮我判断哪只股票会涨，提醒我买入，然后下跌之前再提醒我卖出吗？还是，我直接把钱给它，让它去帮我买产品就好了呢？有的理财机器人说它可以保证收益，真的靠谱吗？哎呀，机器人会不会卷着我的钱跑了……

　　智能投顾（Robo-Advisory），其实是利用大数据分析、量化金融模型以及智能化算法，根据投资者的风险承受水平、预期收益目标以及资金流现状等信息，运用一系列统计学和概率学的算法，将可投资的资产进行组合，给用户提供一份"最优解"作为参考。作为结合量化投资与财富管理业务的创新服务模式，智能投顾在为广大客户提供长期的配置建议与便捷的交易形式上，相比于过去的理财经理指导你理财，有着非常大的不同。

　　从交易频率看，智能投顾可以避免投资人因反应时间不足，丧失了投资机会但却承担了对应风险；从风险控制手段看，智能投顾采用同一账户体系中分散配置的方式，能够增加风险控制的可执行度。那么，在智能投顾的帮助下进行投资，与我们自己配置投

资篮子，除了传统的 Save time（节省时间）、Cut fee（节约成本）、Earn more（更高回报）之外，又有怎样的优点呢？

第一，它可以帮助每个家庭做一个最优的资产组合和配置。

这和基金经理有什么区别呢？比如我是一个 FOF 基金经理，你买了我的基金，我在进行操作的时候，是不会单独思考你的风险要求和流动性是怎样的，我只是根据我对市场的风险判断来操作。我可能今天做了一笔操作，对于你来说可能风险太大了，但是你也没有什么办法，我做的是统一的操作。但是对于智能投顾来说，它帮大家做的是分开的操作和管理，是针对你个人的建议。

第二，智能投顾可以降低理财的服务门槛。

事实上，一个真正专业的投资顾问是非常昂贵的。在国内，目前大部分银行的私人银行门槛都是 600 万元左右，看着很高，但即使是资产量达标的客户，在私人银行也得不到真正的定制服务，更不必说刚达到 50 万元开户门槛的贵宾客户了。一个好的私人银行家，是需要用经验堆起来的，越有经验的私人银行家越贵。而如果我们有一个机器人，有一个 24 小时 *365 天的智能专家在背后帮助我们，它能做的是把所有市场数据进行一个非常理性的判断，而利用市场数据积累的经验，就能把投资的门槛大幅度地降低。另外，因为智能投顾是一个程序，所以能够大幅降低"雇用"成本。换句话说，智能投顾的成本达到某一个程度时就不会再大幅度增加了。而传统的线下成本，达到一定量的客户基数，金融机构就要再雇用一个客户经理，然后这个客户经理需要鼓励客户不停地做交易才可以养活自己，这种难以破解的成本循环，智能投顾完全可以解决。

第三，它可以帮助你战胜人性。

我们都知道做投资很多时候不是输给市场，而是输给自己。市场上永远有赚钱的机会，只是我们每次都因为无法战胜人性，而与之"完美错过"。往往在市场非常低迷的时候，我们变得胆怯而不愿意进去，而在市场非常高企的时候，因为身边人的一句怂恿，我们就头脑一热地冲进去了。如果是一个机器人帮你做资产配置，它会非常理性和冷静，它永远只会根据那个最优比例去分散你的资产，而不会在市场特别疯狂的时候冲进去，又在市场特别低迷的时候畏步不前。同时，它随时在观测着全球各个市场，日夜不停地对各类量化因子进行着 Deep Learning（深度学习），并关注着投资者账户的实时变化。当市场出现趋势性交易机会，或资产配置情况触发再平衡的需求时，它都将在第一时间对既往的配置方案进行再优化，从而为投资者追求更高的收益。

第四，它与投资者永远是利益一致的。

我们在之前的章节提到过，你即使雇用了线下的理财师，帮助你做资产分散和配置等财富管理的服务，他跟你的利益也未必是一致的。因为他是通过你交易的佣金来获取自己的报酬，所以他的目的是使你更加频繁地交易，这样他才可以赚钱。但是从机器人的角度，它是跟你的利益站在一起，不会鼓励你做频繁交易，而是从最优的配置角度帮助你做这样的配置，这一点，从智能投顾的服务费收取方式上就可以看出来。如果是前端收费的智能投顾，这点或许还不明显，但如果你选择的智能投顾，可以做到前端不收费，而只从后端的正向回报中，提取部分比例作为服务费，以"奖励"机器人的优质服务，那么很明显，从利益的角度它也应该尽力为你获取超额回报，才可能实现双赢以及其本身的持续盈利。

目前美国较具代表性的智能投顾，WealthFront 和 Betterment，是以股票账户中的 ETF 基金追踪全球资产配置；国内智能投顾则是以公募基金账户中不同类型的基金，追踪全球资产配置的机会。不过，所有新兴的概念，在发展之初，都会出现鱼龙混杂的现象。有些公司打着智能投顾的名义，本质是以卖产品为目的。历史业绩再好的任何产品，包括智能投顾产品，建议也不要占超过你总资产 20% 以上的比例，因为没有一个产品可以满足你所有的需求。给你讲一个很有名的案例，LTCM 美国长期资本管理公司，是 20 世纪 90 年代中期华尔街特别有名的对冲基金公司，它的掌门人，就是号称"点石成金"的华尔街债务套利之父——梅利韦瑟，也是前所罗门兄弟公司的副主席；一起参与的还有两位大牛，莫顿和斯科尔斯，两人都是 1997 年诺贝尔经济学奖的得主。这些人还不够，他们又拉入了美联储的前任副主席——莫里斯。

四个人一起下海开了一家公司——长期资本，做的就是量化债券套利，机器判定，这个交易有机会他们就放大杠杆，即使是很微小的套利。具体的策略是不公开的，闷声发大财，不愿意公开策略。

1993 ~ 1997 年每年 40% 的回报，无回撤，中间不亏钱，非常厉害。要是你知道了，你也会投对吗？会给他们多少钱？全部？可是这么牛的公司 1998 年破产了，为什么？因为他们的模型认为俄罗斯政府违约的概率是 0.001%，但是就发生了，发生了以后他们的仓位非常大，整个流动性丧失，整个策略就破产了。

这是不能过度依赖一款产品的重要原因，一定要做好资产的分散，不能把所有的注押在一个方向。

目前市场上声称提供"智能投顾"服务的公司也有很多，要如何从中筛选出真正的智能投顾呢？可以看以下四点：

第一，智能投顾所推荐的资产配置的方案，应该是随着市场的变化而变化的。换句话说，不同时点入场的投资者，即便是风险承受力和预期收益目标相同，通过智能投顾得到的投资方案，也应该是不一样的。如果普通的资产配置能够实现的是"千人千面"，那么，增加了"智能"方式，做出来的配置方案，应该可以在此基础上，上升到"千时千面"的高度，更加个性化、定制化。

第二，看其提供的资产配置方案中的配比建议，是否来自于历史数据的回溯测算。数据截取的时间最好在 10 年以上，覆盖一个完整的经济周期，相对参考价值才会更高。同时在测试的结果中，不仅可以看到不同资产配置组合的收益如何，也应该能看到风险相关的数据——年化波动率是多少，最大回撤是多少。客户可以依照这个数据自行衡量。比如投资 1000 万元，最糟糕的情况下可能会变成 900 万元，那我是否能接受这样的亏损，以评估长期的风险投资者是不是能接受。而经过数据回溯测算的配比，应该是相对散碎的数值，如果你看到的配比都是 5%、10%、25% 之类，或许，这个方案真的是通过"人工"，"算"给你看的，数据存在虚假的可能性比较高，那这类建议就要小心了。

第三，看其配置的市场是否足够分散。我们统计了 2011 年到 2017 年全球市场的表现，并且按照收益率从上至下做了降序排列。可以发现，对于全球投资，没有哪个单一市场可以在每个年份都独占鳌头，但如果进行多元配置并适时调整，则获取均衡收益的概率要高很多，这条投资铁律同样适用于智能投顾。比如一个好的智能投顾方案，应该可以涵盖股票市场（包括全球成熟市场的股票、新兴市场的股票等），债券市场（包括各国公债、投资等级债、新型市场债等），另类资产（包括原油、黄金、大宗商品、REITS 等）。只有将投资者的资金，分散到各类相关性不高的市场之间，才能够真正起到降低投资风险的作用（见图 5-2）。

全球不同市场回报排名

2011年	2012年	2013年	2014年	2015年	2016年	2017年
黄金 10.43%	德国股市 29.06%	日本股市 56.72%	中国股市 52.87%	德国股市 9.56%	原油(WTI) 45.11%	新兴市场股市 34.35%
原油(WTI) 8.25%	日本股市 22.94%	美国股市 29.60%	道琼房地产指数 23.43%	中国股市 9.41%	美国高收益债券 17.40%	美国股市 19.42%
美国高收益债券 4.40%	美国高收益债券 15.53%	德国股市 25.48%	美国股市 11.39%	日本股市 9.07%	美国股市 9.54%	日本股市 19.10%
道琼房地产指数 3.62%	道琼房地产指数 15.50%	原油(WTI) 7.60%	日本股市 7.12%	美国股市 -0.73%	黄金 8.70%	德国股市 12.51%
美国股市 0.00%	新兴市场股市 15.15%	美国高收益债券 7.35%	德国股市 2.65%	道琼房地产指数 -0.97%	新兴市场股市 8.58%	黄金 12.45%
德国股市 -14.69%	美国股市 13.41%	道琼房地产指数 -0.94%	美国高收益债券 2.49%	美国高收益债券 -4.60%	德国股市 6.87%	原油(WTI) 12.04%
日本股市 -17.34%	黄金 5.90%	新兴市场股市 -4.98%	黄金 -1.09%	黄金 -10.51%	道琼房地产指数 4.81%	美国高收益债券 7.47%
新兴市场股市 -20.41%	中国股市 3.17%	中国股市 -6.75%	新兴市场股市 -4.63%	新兴市场股市 -16.96%	日本股市 0.42%	中国股市 6.56%
中国股市 -21.68%	原油(WTI) -7.35%	黄金 -28.01%	原油(WTI) -45.33%	原油(WTI) -31.23%	中国股市 -12.31%	道琼房地产指数 4.56%

图 5-2　2011 年 -2017 年全球不同市场回报排名

资料来源：Wind，7 分钟理财测算。

第四，看其在不同市场选取的产品，是否能真正代表这个市场。比如在美国市场，如果我们选择追踪纳斯达克或者标普，那落在具体产品上，建议中给到的这只 ETF 基金，是否能代表相应的指数，追踪的误差如何。同时，由于智能投顾可以做到一键执行，因此，如果其推荐的相应产品交易量并不高的话，其价格就会比较敏感，那投资者在买入时，就有可能产生价差，会影响其持仓成本。

总的来说，智能投顾作为投资理财领域里新兴的"黑科技"，不仅影响着普通投资者未来的理财方式，也给整个理财市场带来了新的机遇和挑战。在目前中国市场上，由于较适合于大众投资理财的公募基金，挑选起来的"技术含量"，比海外直接定投指数型基金要高很多，同时在尚且不够成熟的市场中进行交易，单纯地依靠机器学习可能无法做到完全理解市场，继而打败市场，反倒是以智能数据 + 人工经验相结合的理财建议，会更加贴合投资者的实际需求。

但无论怎样，未来的理财趋势都已经发生着改变，而我们唯一能做的，就是准备好迎接它，在投资理财的路上，带着扎实的知识，不断地积累经验，一路向前。

第**29**天 总结

智能投顾，是大数据时代人工智能为投资理财领域带来的一股新鲜血液。相比于"人工投顾"来讲，它成本低廉、客观公正、高效理性、追求收益，业已成为越来越多金融机构竞争的"新风口"。普通投资者在面对这类新事物的时候，不仅要了解它的优势，更要学会如何辨别"李鬼"。当然，最核心的还是自己掌握基础的理财知识，才能够借助于科技的进步，提升我们赚钱的效率。

最后，
给中产者投资理财的
几点建议

本书写到这里，已经接近尾声了。通过 30 天不间断的学习，相信大家对于科学理财已经有了清晰的认识，估计不少人已经边学边做地开始了自己的理财之路。在最后一个小节，我们为本书的目标受众群体——理财"小灰"们，整理了几条投资理财的小建议。

本书到了尾声，心中充满不舍。还有很多话想和大家讲，希望大家在理财路上，可以少走弯路，不要因为方式方法的不科学，造成承受不了的痛苦。要经营财富，让钱为你打工，享受做"老板"的快乐。

这里还有几点建议，希望我们可以一起相互提醒。也希望 7 分钟理财第二本理财书可以更早地问世。

1. 最怕你一生忙碌，却还不会理财

我在渣打银行时，曾与一些退休高管闲聊过关于"后悔的事情"。经常听到的一个答案是，"忙碌了一生，为很多企业做好了金融解决方案，却没时间和精力好好打理自己的财富。算一算，如果当时好好做理财，退休金能多出不少。"

鲁迅说过，"梦是好的，钱是重要的。"我从事理财很多年，也服务过不同资产量的用户，那些"等我钱多了再理财"的说法每天都会遇到。都觉得理财重要，却都不知道理财要趁早，一拖再拖，恶性循环，造成各种焦虑——这些情况太常见了。

行动起来，比什么都重要。这本书只是一个开始，千万不要放下书后，还做回原来的你。我不希望只撩拨了你的焦虑，我要的是，督促你行动起来，真正解决焦虑。如果怕自己掌握不好，或者学习不到位，可以找我们这样的独立服务机构帮你。

2. 理财不是追求高收益

让钱有效率地运转起来，让钱生钱，才是理财的真谛。高的收益，只是相对的。每个人的需求和风险承受能力不一样，永远不要在理财上攀比收益，因为一旦开始攀比，就很容易被贪婪绑在高岗上，当市场下跌时，就会亏得很惨。理财是一种生活方式，按照自己的目标和节奏最重要。

3. 理财绝不是等有钱了再做

我发现，越有钱的人，越懂得有效率地让钱运转。现在 7 分钟理财的用户，连高中生都有，因为越来越多的家长开始明白，理财是一门必修课。举个最著名的例子——犹

太人巴菲特，4 岁开始就卖口香糖挣钱，赚得了人生第一桶金，11 岁开始学习理财。他的成功，绝非偶然。

目前，我国的金融产品的种类已经比较全，门槛有 10 元起购的，也有几万几百万起投的，可以满足各类投资者需求，因此，无论你有 1000 元，还是 1000 万，都应该好好打理。不要忽视这笔钱，这也是对自己的血汗钱的尊重。

4. 不要太爱面子

理财和面子有什么关系？很多成功的投资者都有一个小发现，那就是做不好理财的人会有几个共同点。第一，不懂却不好意思问，自己琢磨，造成一些严重的理财误区，最后亏损严重。

还记得财经新闻常提醒大家小心的"飞单"吗？为什么同样的事情会反复发生？就是在理财过程中，一些初学者有一些不明白的地方，但是因为好人情，好面子，硬着头皮签了字，最后"鸡飞蛋打"。

所以，还是找个专家问问。理财是个专业的事情，就和你看医生一样，重要的决策找独立机构帮你，不丢人。

另外一个共同点，就是有点自大。理财最忌讳过度自信，可能曾经的你因为很多因素，历史收益还不错，但是凭借运气的高收益是一时的，再成功的投资者身边，也需要有伙伴商量，有军师提醒。每一个大企业家，都有自己的智囊团。所以理财上，不要太爱面子，多听听建议，会让自己更成功，获得的信息越全面，做出的决策就会越准确。

5. 管理好投资性资产

这部分资产是我们"钱生钱"的主力，要在资产配置的大思路下，找到适合自己的大类资产比例，将资金分散配置于股权、债权、另类资产中，通过长期投资，在降低组合投资风险的前提下，追求合理的收益率。

学会挑选不同的理财产品，找到既可以满足投资门槛，又具备高"投资性价比"的产品，力求省心省力。在目前的市场上，我们建议普通投资者通过投资公募基金来参与市场。可以将手头积攒的资金按比例投资于股票型、混合型、债券型基金，以及黄金ETF基金等，完成大类资产配置。同时通过对股票型或混合型基金进行定投，管理好每月的现金流，充分提升整体资产的投资效率。

定期进行资产配置再平衡，将出现偏差的大类资产调整至合理比例中。对于出现亏损的产品，需要分析亏损的原因，对于长期跑输业绩基准或出现重大风险事件的基金，可以分仓卖出并换入较优质的基金；同时对于定投中的基金，坚持"止盈不止损"的原则，在市场下跌中，稳健地积攒足够的筹码，静待牛市的来临。

6. 预留好流动性资产

将与 3 ~ 6 个月家庭总开支等量的资金，放在活期、定期或者货币型基金账户中，供随时取用，以备收入一旦出现短暂中断的不时之需。这部分资金只需保证充分的流动性即可，无须过于计较收益率。

7. 规划好保障性资产

如果想确保投资性资产可以在较长的投资期里，不必受到风险事件的打扰，稳定地赚取收益率，那么我们必须要对可能面临的风险事件进行规划，否则风险事件来临，需要大笔资金应急时，投资性资产配置就有可能被打破，整体理财计划将功亏一篑。

对于一般的家庭来讲，可以通过配置医疗 / 重疾险 + 意外险 / 定期寿险的方式，以较低的成本转移疾病及人身伤害对家庭资产及现金流造成冲击的风险。定期寿险对于有房贷、车贷的家庭尤为重要。

初为人父母的家庭，保障配置的第一要务是保护好家庭经济支柱，也就是夫妻双方不要暴露于风险之下。所谓"孩子越小买保险越便宜"之类的营销话术，听听就好，保障规划不是谁的便宜就给谁买，而是在家庭可用资金有限的情况下，谁出事儿对家庭影响更大，就先给谁买。

给子女准备的教育金，给自己准备的养老金，不一定非要通过保险类产品进行配置，也可以通过长期科学的基金定投进行储备。一方面可以更有效地规划每月的现金结

余，做好强制储蓄；另一方面，坚持长期投资收益率相对更高，本金积累的压力更小。对于子女教育金保险中的风险转移功能，即保费豁免机制，可以通过低成本的定期寿险方式进行转移，达到相似的效果。

　　每年家庭保费支出在年收入的 10% ~ 15% 为宜；在被保险人优先度上，以先家庭支柱，后无收入者为宜；产品优先度上，以先重疾、意外、定期寿险，后教育金、养老金、终身寿险为宜；可用资金不充裕时，先考虑消费型产品，后考虑返还型产品为宜。

8. 进入未来，享受理财

　　《华尔街日报》个人理财专栏作家乔纳森·克莱门茨曾经说过："我们投资并不是为了击败市场、发笔横财，或者赚取尽可能高的回报，金钱的本身不是最终目标，而只是实